Fotso Simo William Salomon

Biogás na indústria da cana-de-açúcar Processo & Tecnologia

Fotso Simo William Salomon

Biogás na indústria da cana-de-açúcar Processo & Tecnologia

ScienciaScripts

Imprint

Any brand names and product names mentioned in this book are subject to trademark, brand or patent protection and are trademarks or registered trademarks of their respective holders. The use of brand names, product names, common names, trade names, product descriptions etc. even without a particular marking in this work is in no way to be construed to mean that such names may be regarded as unrestricted in respect of trademark and brand protection legislation and could thus be used by anyone.

Cover image: www.ingimage.com

This book is a translation from the original published under ISBN 978-620-2-19959-9.

Publisher:
Sciencia Scripts
is a trademark of
Dodo Books Indian Ocean Ltd. and OmniScriptum S.R.L publishing group

120 High Road, East Finchley, London, N2 9ED, United Kingdom
Str. Armeneasca 28/1, office 1, Chisinau MD-2012, Republic of Moldova, Europe
Printed at: see last page
ISBN: 978-620-8-06714-4

ÍNDICE DE CONTEÚDOS

À minha

falecida mãe, ao meu

querido pai,

Eliane Francine,

e ao

nosso querido filho César S -James[t]

SOBRE O AUTOR

William Salomon Fotso Simo obteve a sua licenciatura em Bioquímica na Universidade de Douala e o seu mestrado em Engenharia de Processos na Escola Nacional de Ciências Agro-Industriais (ENSAI) da Universidade de Ngaoundere nos Camarões. Está a tirar um doutoramento em biomassa de cana-de-açúcar (pré-tratamento, conversão de biomassa) e tecnologia de biogás (digestão anaeróbica, desempenho do bioreactor e processos de otimização).

PREFÁCIO

O desenvolvimento de fontes de energia renováveis (bioenergias) suscitou recentemente um interesse considerável devido à crise energética e ao aquecimento global, uma vez que não cria concorrência para as terras utilizadas para a produção de alimentos para consumo humano ou animal. Num mundo que aceita cada vez mais a natureza imperativa do desenvolvimento sustentável, a junção da energia e do ambiente tornou-se um campo de intensa atividade, sendo dada prioridade máxima à I&D e à implementação de tecnologias. Existem muitas fontes de energia renovável. A biomassa é apenas uma delas, mas uma fonte muito importante. A biomassa da cana-de-açúcar é um dos subprodutos da indústria alimentar mundial com um grande potencial biodegradável que precisa de ser muito explorado. Por outro lado, o metano produzido pela digestão anaeróbica da matéria orgânica é o principal constituinte do biogás, que é amplamente utilizado em aplicações domésticas e industriais. É por essa razão que é o principal composto químico no processo de biogás em termos de recuperação e otimização de energia.

Este livro foi escrito com três objectivos. Primeiro, pode ser um livro de referência para aqueles que estão interessados no destino da tecnologia do biogás na indústria da cana-de-açúcar. Em segundo lugar, pode ser usado como um livro didático para ensinar ciências de engenharia na produção de energia sustentável. Terceiro, pode contribuir para o desenvolvimento de processos de digestão anaeróbica para a produção de biogás.

Espero sinceramente que este livro seja bem esclarecedor para os nossos leitores. Ficarei muito grato por receber comentários e sugestões de melhoria dos nossos colegas neste domínio e também dos estudantes que utilizarão este livro nos seus esforços educativos.

William Salomon FOTSO SIMO

LISTA DE ABREVIATURAS

AD	Anaerobic Digestion
AFEX	Ammonia Fiber Explosion
AFNOR	Agence Française de Normalisation
ARP	Ammonia recycle percolation
ATP	Adenosine TriPhosphate
C/N	Carbon/Nitrogen
CNUCED	Conférence des Nations Unies pour le Commerce et le Développement
FAO	Food Agricultural Organization
HT	Hydrothermolysis
HMF	Hydroxymethylfurfural
LCC	Lignin Carbohydrate Complex
LHT	Liquid Hot Treatment
MSW	Municipal Solid Waste
NAD	Nicotinamide Adenosine Diphosphate
NADH	Nicotinamide Adenosine Diphosphate Hydrogen
PACER	Programme d'Action Energies Renouvelables
pH	Hydrogen potential
SOSUCAM	Société Sucrière du Cameroun
TS	Total Solids
UN	United Nations
VFA	Volatile Fatty Acids

AGRADECIMENTOS

O autor deseja expressar a sua gratidão às seguintes pessoas e instituições que contribuíram para tornar este livro possível:

Dr. Cesar KAPSEU,

Dr. Nicolas BERNET,

Dr. Emmanuel NSO JONG,

Sociedade Sucrière do Cameroun (SOSUCAM),

Escola Nacional de Ciências Agro-Industriais (ENSAI),

Instituto Nacional de Investigação Agrária e Alimentar (INRA).

Esta página foi intencionalmente deixada em branco

PARTE I: Biomassa de cana-de-açúcar

1.1. Introdução

A produção primária anual de biomassa a nível mundial é de cerca de 220 mil milhões de toneladas em base de peso seco, o que equivale a 4500 EJ de energia solar captada por ano. A biomassa é considerada uma alternativa atraente aos combustíveis fósseis como fonte de energia, mas apenas se puder ser produzida e utilizada sem afetar negativamente o ambiente. As fontes de energia de biomassa mais importantes são a madeira e os resíduos de madeira, as culturas agrícolas e os seus subprodutos, os resíduos sólidos urbanos (RSU), os resíduos animais, os resíduos da transformação de alimentos, as plantas aquáticas e as algas. A biomassa tem o maior potencial e só pode ser considerada como a melhor opção para satisfazer a procura e garantir o futuro abastecimento de energia/combustível de uma forma sustentável. A agricultura tem potencial para ajudar a satisfazer as crescentes necessidades de energia e de matérias-primas de uma sociedade de forma sustentável, como parte da visão para uma economia de base biológica. A agricultura pode contribuir para satisfazer as crescentes necessidades de energia e de matérias-primas de uma sociedade de forma sustentável, no âmbito da visão de uma economia de base biológica. Por outro lado, a biomassa é também produzida pelas indústrias em grandes quantidades e representa uma nova fonte de lucro em termos de energia. Mas a biomassa das indústrias é considerada como um resíduo, um desperdício, um subproduto e/ou um produto para outra indústria.

1.2. Indústria da cana-de-açúcar

A cana-de-açúcar é uma das matérias-primas mais comuns utilizadas na produção de açúcar, depois da beterraba e do agave. A cana-de-açúcar (*Saccharum officinarum L.*) é uma planta resistente da família das gramíneas, como o trigo, o arroz e o milho, que é cultivada em todo o mundo, especialmente nos países tropicais e subtropicais (Figura 1.1). É uma planta açucareira que produz sacarose.

Figura 1.1. Caules de cana-de-açúcar

Atualmente, o Brasil, a Índia e a China têm a maior produção de açúcar, que representa aproximadamente 91% do mundo (1.317 milhões de toneladas de açúcar), respetivamente 31, 19 e 7% da produção total mundial. Por exemplo, a cana-de-açúcar produz 74% do total de açúcar no mundo, com um rendimento atual que varia entre 60 e 100 toneladas por hectare (CNUCED, 2013; Kapseu *et al.*, 2014). O quadro 1.1 mostra todos os principais países produtores de cana-de-açúcar no mundo, estimados em milhões de toneladas de açúcar por ano (Boussarsar, 2008).

Tabela 1.1. Principais países produtores de cana-de-açúcar no mundo

Brasil	Índia	China	México	Austrália	Tailândia	Paquistão	EUA	Colômbia	Sul-África
28,266	13,700	9,216	6, 183	5,530	5,425	3,176	3,018	2,621	2,235

O processamento do açúcar produz principalmente quatro tipos principais de subprodutos: resíduos de cana deixados no campo após a colheita da cana, bagaço, lama de prensa e melaço (Figura 1.2). O bagaço é o remanescente deixado após a operação de esmagamento da cana e é o recurso combustível dessa indústria. A lama de prensa é o resíduo comprimido da indústria do açúcar produzido a partir da filtração do sumo de cana. É normalmente eliminado em campos abertos ou vendido como composto imaturo (fertilizante) aos agricultores.

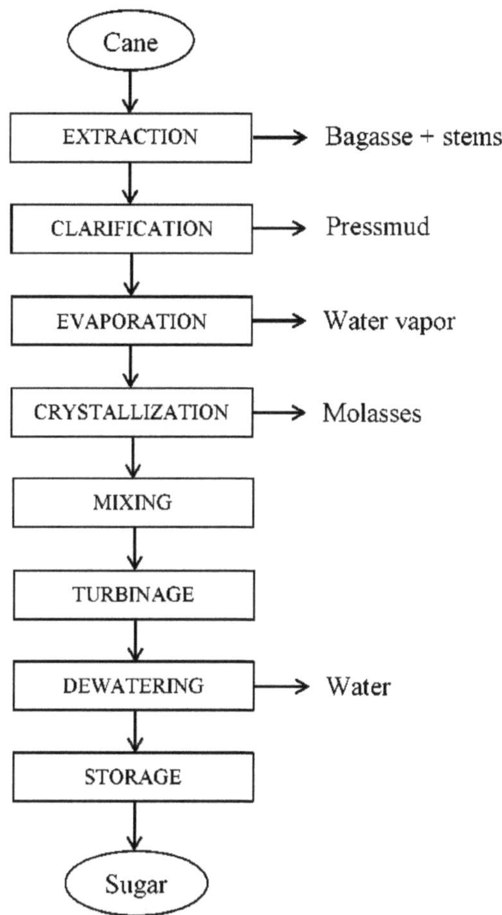

Figura 1.2. Diagrama do processo de produção de açúcar

Os resíduos e subprodutos são emitidos do processo da cana-de-açúcar em diferentes proporções e provaram ser valorizados em muitos outros processos. A Tabela 1.2 mostra a percentagem de produtos e subprodutos emitidos por 1 tonelada de cana crua.

Tabela 1.2. Produtos e subprodutos do processo da cana-de-açúcar

Produtos / subprodutos	Percentagem de cana crua (%)	Massa (kg) por tonelada de cana
Açúcar	25 - 30	250 - 300

Cabeça de cana e folhas	5 - 10	50 - 100
Bagaço	30	300
Pressmud	10 - 20	100 - 200
Melaço	3	30

(Boussarsar, 2008; Kapseu *et al.*, 2015)

As cabeças de cana e as folhas são deitadas fora depois de lavadas e cortadas. Por exemplo, os resíduos sólidos são chamados de bagaço, que normalmente são queimados para satisfazer parte das necessidades energéticas. Um subproduto importante do processamento da cana-de-açúcar é a lama de prensa, que contém até 65% de açúcares em peso húmido. Este subproduto é utilizado para enriquecer os solos para a agricultura (fertilizantes). O melaço é outro subproduto da indústria da cana-de-açúcar que também tem um grande potencial para qualquer indústria alimentar. Pode ser utilizado para a produção de etanol (rum) após ajuste das concentrações de açúcar. A remoção dos sólidos em suspensão antes da fermentação também pode ser necessária. As diferentes formas de valorização destes subprodutos na fábrica de açúcar são apresentadas na Figura 1.3.

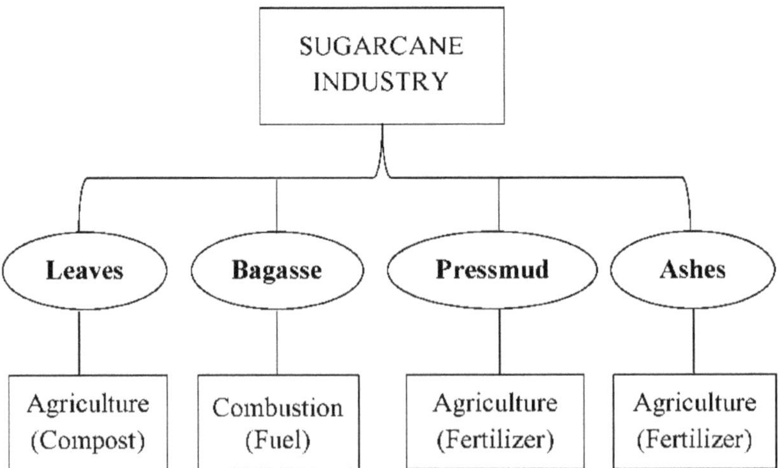

Figura 1.3. Valorização dos subprodutos da indústria da cana-de-açúcar

1.3. Bagaço de cana-de-açúcar

O bagaço de cana-de-açúcar é o material lignocelulósico mais abundante nos países tropicais entre os vários resíduos de culturas agrícolas. É o resíduo fibroso produzido após a extração do sumo (vesou) na fábrica de açúcar. Com 300 kg de bagaço produzidos por tonelada de cana-de-açúcar, a produção total de bagaço de cana é de cerca de 235 milhões de toneladas no mundo (Candido *et al.*, 2012; Nguedia & Noula, 2012). Na indústria açucareira, 60 % deste subproduto é valorizado como combustível para alimentar caldeiras e aquecedores e o restante é armazenado (Figura 1.4).

Figura 1.4. Bagaço de cana-de-açúcar na indústria

Devido à quantidade desta biomassa como resíduo industrial, à sua acessibilidade e biodegradabilidade, existe um dos melhores biomateriais para qualquer valorização num sector de biorefinaria em termos de desenvolvimento sustentável. A biorrefinaria integra processos de conversão de biomassa para produzir combustíveis, energia eléctrica e produtos químicos a partir da biomassa e, como tal, é análoga a uma refinaria de petróleo. Ao produzir múltiplos produtos (biocombustíveis e bioenergias), o sector da biorrefinaria oferece muitas vantagens económicas, ambientais e estratégicas que dependem do tipo de biomassa. A co-geração é uma das formas de valorizar o bagaço de cana-de-açúcar para fornecer energia à indústria. A Figura 1.5 mostra um diagrama do processo da indústria da cana-de-açúcar com um sistema de cogeração no local que fornece calor e eletricidade.

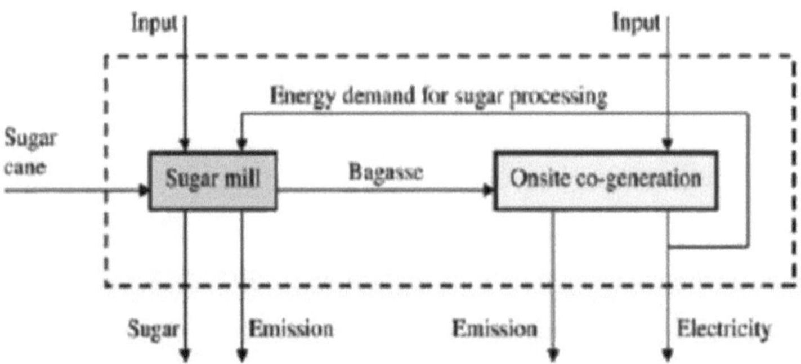

Figura 1.5. Diagrama do processo da indústria da cana-de-açúcar

A biomassa da cana-de-açúcar é constituída por 3 componentes diferentes: água, substâncias dissolvidas e fibras (Figura 1.6). A água é o componente mais importante do bagaço. As substâncias dissolvidas são uma mistura de açúcares e resíduos. As fibras constituem um grupo de moléculas que formam um complexo de polímeros (biopolímeros).

Este grupo de polímeros divide-se em fracções de holocelulose (celulose, hemiceluloses) e de lenhina, que variam quantitativa e qualitativamente consoante o material vegetal. As fibras são os materiais lignocelulósicos que têm um interesse específico no conceito de biorefinaria devido à sua composição química.

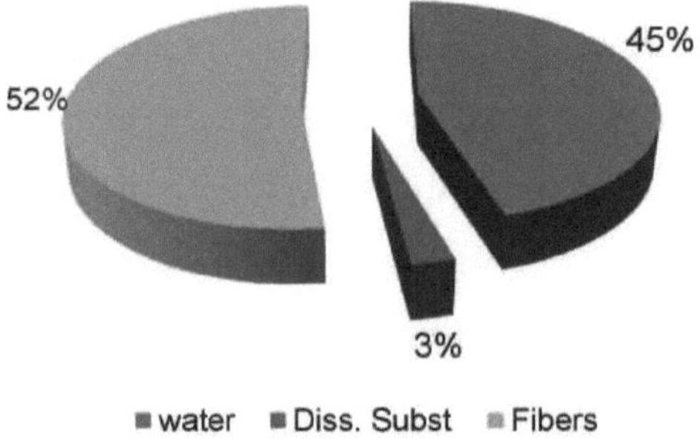

Figura 1.6. Composição do bagaço de cana-de-açúcar

A composição química das fibras de bagaço de cana-de-açúcar é apresentada na Tabela 1.3. A holocelulose, que representa 75% da fibra, é a fração biodegradável em todos os processos de fermentação.

Tabela 1.3. Composição química das fibras de bagaço de cana-de-açúcar

Composto	Percentagem (%)
Celulose	50
Hemiceluloses	25
Lignina	25

De facto, a morfologia do bagaço de cana-de-açúcar é heterogénea e constituída por muitas fibras e outros elementos de estrutura como o esclerênquima, o parênquima e as células epiteliais (Sanjuan *et al.*, 2001). As paredes celulares são estruturas complexas que variam em termos de composição, variedade, idade da planta e tipo de tecido. Algumas imagens da parede celular e dos componentes das fibras de bagaço de cana-de-açúcar foram desenhadas por Shleser (1994) e pelo Departamento de Energia dos Estados Unidos em 2003 (Hamelinck *et al.*, 2005) (Figura 1.7). As ligações covalentes estão presentes na parede celular para assegurar diversas funções biológicas da planta, bem como a resistência mecânica, a proteção contra os agentes patogénicos e a capacidade dos materiais lignocelulósicos para serem transformados em muitas aplicações práticas (produção de pasta de papel ou de produtos químicos, bioetanol, biohidrogénio, biogás). As hemiceluloses servem de ligação entre a lenhina e as fibras de celulose e conferem rigidez a toda a rede celulose-hemicelulose-lenhina.

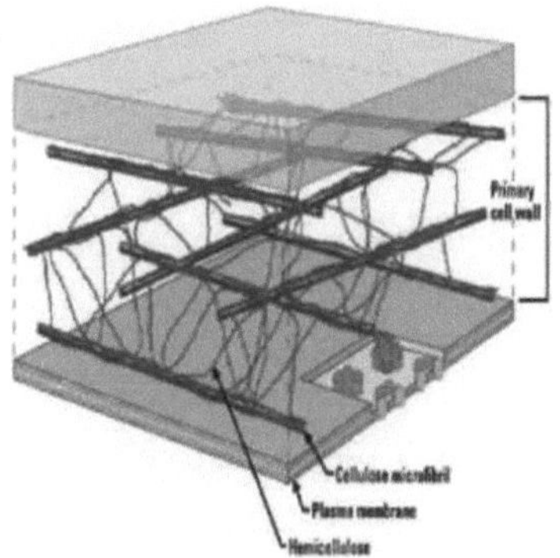

Figura 1.7. Estrutura dos compostos da parede celular

A Figura 1.8 mostra a estrutura microscópica do bagaço de cana-de-açúcar observada em diferentes resoluções: 350 microns (a) ; 400 microns (b) ; 500 microns (c).

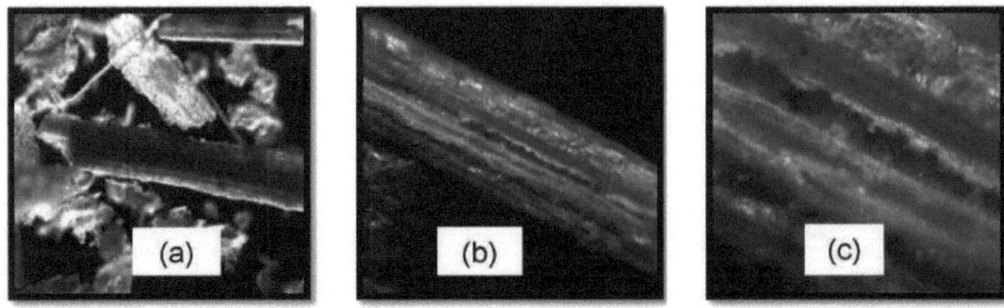

Figura 1.8. Estruturas microscópicas do bagaço de cana-de-açúcar

1.4. Matriz lignocelulósica

A matriz lignocelulósica na natureza deriva principalmente de madeira, erva e resíduos agrícolas ou culturas energéticas e é constituída por componentes principais e secundários. A Tabela 1.4 apresenta a sua composição química.

Tabela 1.4. Composição química da matriz lignocelulósica

Moléculas	Percentagem (%)
Celulose	30 - 60
Hemiceluloses	10 - 40
Lignina	10 - 25
Açúcares solúveis	*traços*
pectina	*Traços*

A composição destas 3 fracções principais (celulose, hemiceluloses e lenhina) varia de uma espécie vegetal para outra e, dentro da mesma planta, a composição varia de acordo com a espécie, a parte da planta e a maturidade. A Figura 1.9 mostra a rede da matriz lignocelulósica na biomassa que se estabelece entre 3 polímeros: celulose, hemiceluloses e lignina.

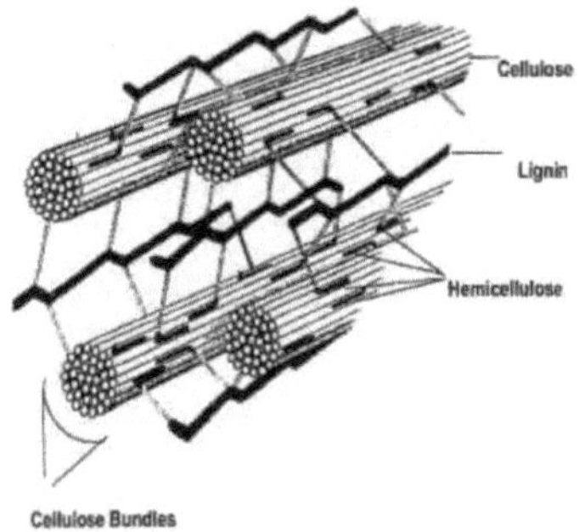

Figura 1.9. Rede da matriz lignocelulósica

1.4.1. Celulose

A celulose é o biopolímero mais abundante na natureza. É um homopolímero linear constituído por subunidades de D-glucose, ligadas por ligações β-(1-4) glicosídicas (Figura 1.10).

A celulose numa planta consiste em partes com uma estrutura cristalina organizada e partes com uma estrutura amorfa mal organizada. As fibras de celulose são agrupadas e formam as chamadas fibrilas de celulose ou feixes de celulose. Estas fibrilas de celulose são na sua maioria independentes e fracamente ligadas através de ligações de hidrogénio. A celulose, insolúvel em água e na maioria dos solventes orgânicos, é quiral e biodegradável. Pode ser decomposta quimicamente nas suas unidades de glucose através do tratamento com ácidos concentrados a alta temperatura. Muitas propriedades da celulose dependem do comprimento da cadeia, da cristalinidade ou do grau de polimerização.

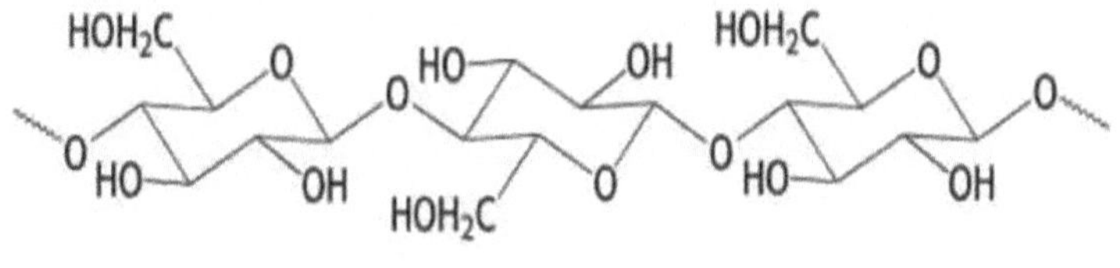

Figura 1.10. Estrutura da celulose

1.4.2. Hemiceluloses

As hemiceluloses são o segundo biopolímero mais abundante depois da celulose. São heteropolímeros não celulósicos presentes em quase todas as paredes celulares das plantas (Figura 1.11).

Enquanto a celulose é cristalina, forte e resistente à hidrólise, as hemiceluloses têm uma estrutura aleatória, amorfa e pouco resistente. As hemiceluloses têm um peso molecular mais baixo do que a celulose. Têm ramificações com cadeias laterais curtas que consistem em diferentes monómeros de açúcar e podem incluir xilose, manose, galactose, ramnose e arabinose, que são polímeros que podem ser facilmente hidrolisados tanto por álcalis diluídos como por numerosas enzimas hemicelulases.

A xilose é sempre o monómero de açúcar presente em maior quantidade, embora os ácidos urónico e ferúlico também tendam a estar presentes. O componente dominante das hemiceluloses das folhosas e das plantas agrícolas, como as gramíneas e a palha, é a xilana, enquanto que nas folhosas o glucomanano é dominante.

As hemiceluloses estão incorporadas nas paredes celulares das plantas, por vezes em cadeias que formam um solo: ligam-se à celulose com a pectina para formar uma rede de fibras reticuladas constituídas por hemiceluloses e lenhina que estão covalentemente ligadas através de complexos de lignina-Carbohidratos (LCCs) e, como tal, representam um fator limitante na biodegradação de materiais lignocelulósicos. As hemiceluloses são os componentes lignocelulósicos mais sensíveis do ponto de vista termoquímico.

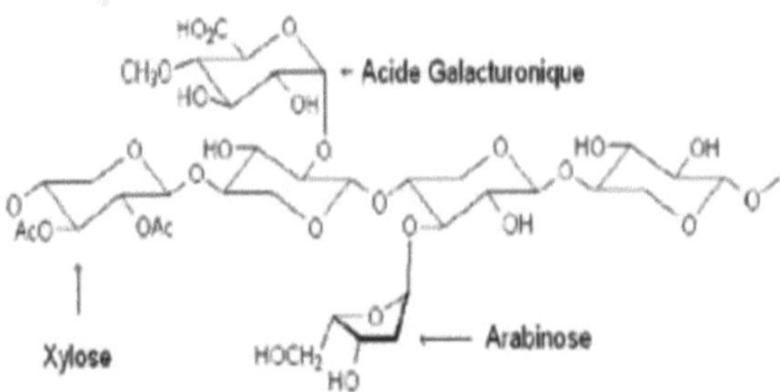

Figura 1.11. Estrutura das hemiceluloses

1.4.3. Lignina

A lenhina é o terceiro polímero mais abundante na natureza, depois da celulose e das hemiceluloses, e está presente nas paredes celulares. É um heteropolímero amorfo constituído por três álcoois fenilpropano diferentes: p-cumaril (H), coniferil (G) e sinapil (S) (Figura 1.12). A natureza e a quantidade de monómeros de lenhina (H, G, S) variam de acordo com a espécie, a maturidade e a localização espacial na célula. O processo de biossíntese consiste, essencialmente, no acoplamento de radicais e cria um polímero de lenhina único em cada espécie de planta (Figura 1.13).

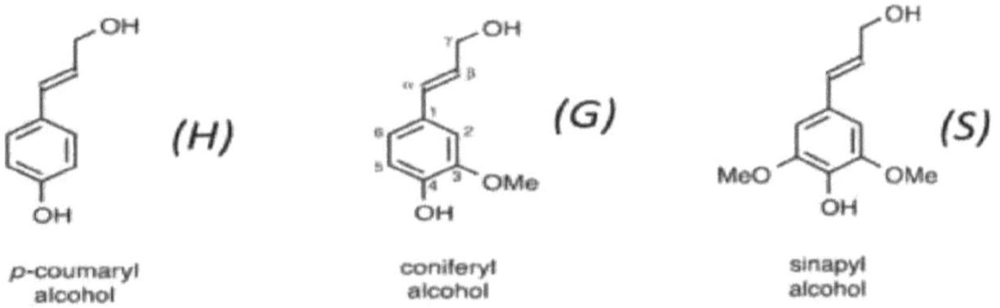

Figura 1.12. Estruturas dos álcoois fenilpropano da lenhina

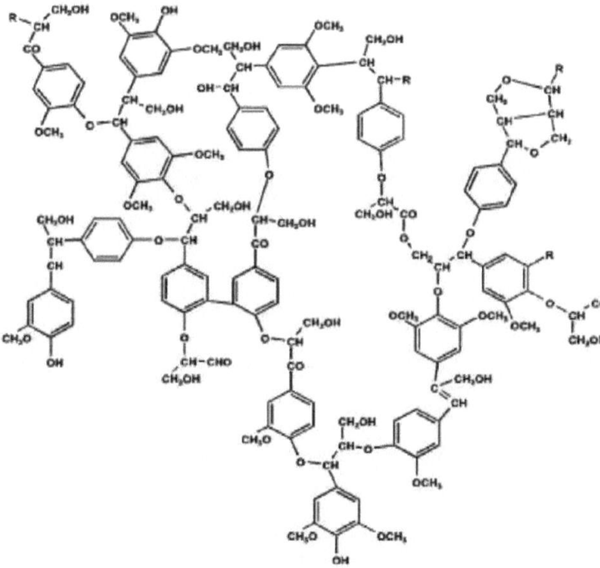

Figura 1.13. Estrutura da lenhina

O teor de polímeros do bagaço de cana-de-açúcar difere consoante a fonte de amostragem, o processo de produção e o método experimental. Muitos estudos foram efectuados para caraterizar esta biomassa lignocelulósica e demonstraram que a sua composição depende essencialmente da natureza da matéria-prima (Monlau *et al.*, 2013).

Devido ao facto de a lenhina permanecer não biodegradável em condições anaeróbias, é valorizada nas indústrias têxtil e do papel e na produção de compostos de valor acrescentado.

A Tabela 1.6 apresenta os teores de celulose e hemiceluloses e o grande potencial que eles conferem ao bagaço de cana na produção de biocombustíveis (bioetanol) e bioenergia (biogás). É evidente que os teores de polímeros diferem em função de vários fatores, tais como: fonte de amostragem, condicionamento do substrato e protocolos experimentais.

Tabela 1.6. Composição lignocelulósica de diferentes bagaços de cana-de-açúcar

Autores	Celulose	Hemiceluloses	Lignina
Martin *et al.* (2007)	43.1	31.1	11.4
Boussarsar (2008)	45	26	20
Canilha *et al.* (2011)	45	25.8	19.1
Rabelo *et al.* (2011)	38.4	25	23.2
Lacour *et al.* (2011)	41.9	19.2	8.1
Cândido *et al.* (2012)	47.4	21.2	30.7
Kumari & Das (2015)	42.3	42.3	18.4
Simo *et al.* (2016)	43.6	17.2	22

1.5. Conclusão

A indústria da cana-de-açúcar produz a maior biomassa do mundo com um grande potencial energético. Devido à sua composição química, o bagaço de cana-de-açúcar precisa de ser processado para conseguir a minimização de resíduos e a produção de bioenergia. Mas a matriz lignocelulósica é uma estrutura complexa que é mais recalcitrante para a degradação biológica em combustíveis ou/e energia. Por conseguinte, a biomassa da cana-de-açúcar tem de ser previamente pré-tratada para ser explorada nos sectores da biorefinaria.

1.6. Referências

1. Conferência das Nações Unidas sobre o Comércio e o Desenvolvimento (CNUCED). (2013). *Comércio intra-africano: libertar o dinamismo do sector privado.* Le développement économique en Afrique : Relatório 2013, 172 páginas.

2. Kapseu C., Ahmed A., Ghogomu P.M., Mbofung C.M., Ndong E.G., Chinnaya S. (2016). *Sucrerie de canne en Afrique subsaharienne : Procédés et métiers,* Ed. L'Harmattan, Yaoundé, Cameroun, 257 p.

3. Nguédia A.M., Noula C. (2012). *La production du gouvernement camerounais en matière de production d'énergie électrique. Zoom sur le potentiel énergétique de la société sucrière du Cameroun (SOSUCAM).* Congrès Sucrier ARTAS/AFCAS, La Réunion, pp 10.

4. Hamelinck H.C., Hooijdonk G.V., Faaij A.P.C. (2005). Ethanol from lignocellulosic biomass: technical-economic performance in short-, middle-, and long term. *Biomassa e Bioenergia,* 28: 384-410.

5. Martin C., Klinke H.B., Thomsen A. B. (2007). A oxidação húmida como método de pré-tratamento para melhorar a convertibilidade enzimática do bagaço de cana-de-açúcar. *Enzyme and Microbial Technology,* 40: 426-432.

6. Boussarssar H. (2008). *Application de traitements thermique et enzymatique de solubilisation et saccharification de la fraction hémicellulosique en vue de la valorisation de la bagasse de canne à sucre.* Tese de Doutoramento em cotutela entre a Universidade de Reims Champagne-Ardenne (França) e a Universidade SFAX para o Sul (Tunísia).

7.	Canilha L., Santos V., Rocha G., Almeida e Silva J., Guileti M., Silva S., Felipe M., Milagrès A., Carvalho W. (2011). Estudo sobre o pré-tratamento de uma amostra de bagaço de cana-de-açúcar com ácido sulfúrico diluído. *Journal of Ind. Microb. Technology*, 38: 1467-1475.

8.	Rabelo S.C., Carrère H., Filho M.R., Costa A.C. (2011). Produção de bioetanol, metano e calor a partir do bagaço de cana-de-açúcar num conceito de biorrefinaria. *Bioresource Technology*, 102: 7887-7895.

9.	Candido R.G., Godoy G.G., Gonçalves A.R. (2012). Estudo do pré-tratamento do bagaço de cana-de-açúcar com ácido sulfúrico como etapa de obtenção de celulose. *Academia Mundial de Ciência, Engenharia e Tecnologia*, 62: 101-105.

10.	Lacour J., Bayard R., Emmanuel E., Gourdon R. (2011). Evaluation du potentiel de valorisation par digestion anaérobie des gisements de déchets organiques d'origine agricole et assimilés en Haïti. *Déchets Sciences & Techniques - Revue Francophone d'Ecologie Industrielle*, N°60.

11.	Simo F.W.S., Nso E.J., Kapseu C. (2016). Melhoria da produção de biogás do bagaço de cana-de-açúcar por pré-tratamento hidrotérmico. *Engenharia Química e Biomolecular*, 1,3: 21-25.

12.	Sanjuan R., Anzaldo J., Vargas J., Turrado J., Patt R. (2001). Composição morfológica e química da medula e das fibras do bagaço de cana-de-açúcar mexicano. *Holz als Roh-Werkstoff*, 59: 447-450.

PARTE II: Processamento de pré-tratamento

2.1. Introdução

O pré-tratamento é uma das etapas mais dispendiosas e menos desenvolvidas tecnologicamente no processo de conversão da biomassa em moléculas fermentáveis. Por conseguinte, oferece um grande potencial de melhoria da eficiência e de redução dos custos através da investigação e do desenvolvimento (Mosier *et al.*, 2005). São observados vários impactos dos pré-tratamentos após o processamento da biomassa lenhinocelulósica, tais como a dissolução da estrutura da lenhina (deslenhificação), a redução do grau de polimerização da celulose e das hemiceluloses, a diminuição da cristalinidade da celulose e o aumento da área de superfície disponível. Esse pré-tratamento deve tornar as holoceluloses mais acessíveis aos microorganismos envolvidos no processo biológico. Muitos tipos de pré-tratamento têm sido amplamente investigados para a produção de bioetanol de segunda geração. A aplicação de pré-tratamentos para melhorar a digestão anaeróbia ou a fermentação escura da biomassa lignocelulósica tem sido menos investigada do que a sua utilização na produção de bioetanol. No entanto, a escolha do pré-tratamento está intimamente relacionada com o produto final. O pré-tratamento continua a ser uma linha de investigação considerável, na qual processos inovadores são lançados para otimizar a produção de biocombustíveis e bioenergia. Assim, muitos estudos têm de ser feitos para intensificar este processo a montante e as tecnologias derivadas.

2.2. Pré-tratamento

2.2.1. Definição

O pré-tratamento é um processo no qual os biomateriais modificam as suas propriedades primárias para serem facilmente acessíveis à degradação biológica (ataque microbiano e/ou hidrólise enzimática). É importante notar que o pré-tratamento é o primeiro passo do sector da biorefinaria em termos de produção de energia renovável (Figura 2.1) (Taherzadeh & Karimi, 2008).

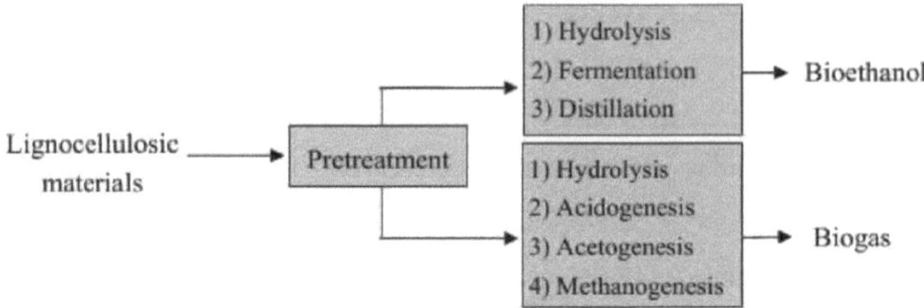

Figura 2.1. Rotas de biorrefinaria após pré-tratamento

Neste caso, a estrutura da biomassa lignocelulósica muda para uma desorganizada e a composição química também. Portanto, os substratos lignocelulósicos continuam a ser o alvo do processo no qual os fatores-chave precisam ser caracterizados para avaliar a eficiência do pré-tratamento e melhorá-lo (Monlau *et al.*, 2013). A Figura 2.2 mostra o impacto de qualquer tipo de pré-tratamento na estrutura da biomassa lignocelulósica.

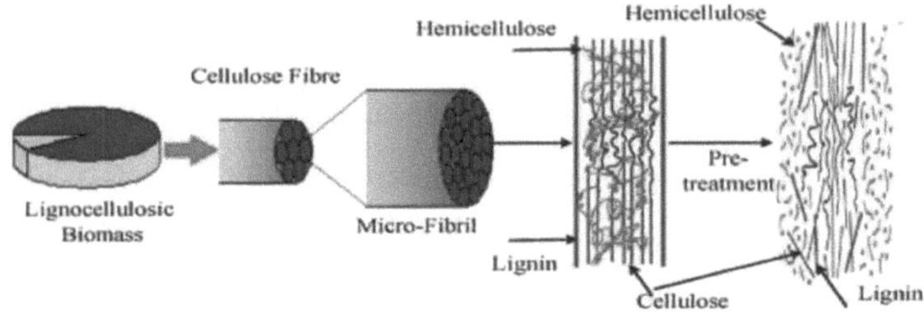

Figura 2.2. Impacto do pré-tratamento na biomassa lignocelulósica

2.2.2. Factores-chave para o pré-tratamento da lignocelulose

2.2.2.1. Cristalinidade e grau de polimerização da celulose

A celulose apresenta regiões amorfas e cristalinas. Durante a hidrólise enzimática, as regiões facilmente acessíveis (regiões amorfas) são mais eficientemente hidrolisadas, resultando numa acumulação da região cristalina (Hayashi *et al.*, 2005). Portanto, a taxa decrescente de degradação da celulose ocorre como resultado de transformações estruturais durante os estágios iniciais da hidrólise (Gupta & Lee, 2009; Chang e Holtzapple, 2000). A digestibilidade da celulase da biomassa tratada é limitada pela acessibilidade da celulose. Além disso, a hidrólise enzimática está positivamente correlacionada com o tamanho da celulose (grau de polimerização). Isto significa que o número de glicose influencia a cinética de hidrólise da lignocelulose. Por exemplo, esta propriedade depende da espécie, da parte e da maturidade da planta.

2.2.2.2. Propriedades físico-químicas das hemiceluloses

As hemiceluloses ligam as fibras de lenhina e de celulose e conferem rigidez a toda a rede lenhinocelulósica. As hemiceluloses representam cerca de 15-30% da massa total dos resíduos vegetais, que podem ser fermentados. Os xilanos apresentam uma variabilidade significativa nas suas caraterísticas estruturais. A sua estrutura é mais complexa do que a da celulose e depende do grau de substituição das cadeias lineares de xilose pelos ácidos arabinose, hidroxicinâmico e urónico e da massa molar. Por outro lado, a presença dos ácidos ferúlico e p-cumárico aumenta ainda mais a complexidade química e estrutural dos xilanos e, consequentemente, afecta a acessibilidade enzimática e a biodegradabilidade das hemiceluloses (Beaugrand *et al.*, 2004; Faulds *et al.*, 2006). Por conseguinte, as caraterísticas estruturais específicas das xilanas, como o grau de ramificação e o acoplamento oxidativo das cadeias de xilana-xilana ou xilana-lenhina através do ácido hidroxicinâmico, formam uma rede de parede coesa que pode limitar o acesso das enzimas.

2.2.2.3. Área de superfície e volume de poros

O volume de poros e a área de superfície são caraterísticas importantes que permitem avaliar a biodegradabilidade dos materiais lignocelulósicos.

De facto, o aumento da área de superfície e do volume dos poros melhora a penetração dos microrganismos na lignocelulose e a hidrólise enzimática. Esta é a razão pela qual existe uma correlação positiva entre o volume de poros, a área de superfície e a digestibilidade enzimática da lignocelulose (Park *et al.*, 2007). Mas isto pode ser influenciado pelo teor e distribuição da lenhina.

2.2.2.4. Teor e composição da lenhina

A lenhina é um polímero de unidades de fenilpropano que formam uma rede tridimensional no interior da parede celular. Uma das suas principais funções é manter a integridade das fibras e a rigidez estrutural da planta. A distribuição e a composição da lenhina são também muito importantes para a acessibilidade enzimática e a digestibilidade da biomassa. Esta variabilidade estrutural do polímero de lenhina pode influenciar a reatividade das moléculas de lenhina, por exemplo, no decurso das reacções de despolimerização e repolimerização durante o pré-tratamento. Assim, o pré-tratamento modifica a arquitetura e a organização supramolecular da biomassa e influencia a sua acessibilidade e digestibilidade.

Além disso, provou-se que os substratos com pouca ou nenhuma lenhina apresentaram uma boa correlação entre as taxas de hidrólise inicial e a capacidade de adsorção, enquanto os substratos com maior teor de lenhina demonstraram uma correlação fraca (Chang e Holtzapple, 2000). Esta é a razão pela qual um dos principais objectivos do pré-tratamento é reduzir parcial ou totalmente o teor de lenhina. Isto permitirá avaliar o rendimento do pré-tratamento e correlacionar a sua eficiência com o teor de lenhina da biomassa pré-tratada.

2.2.2.5. Complexo lignina-carbohidratos (LCC)

A lenhina está associada a outros polissacáridos da parede celular para formar um LCC. Os dois primeiros componentes são hidrofílicos, enquanto o último é hidrofóbico (Barakat *et al.*, 2008). Os LCCs são insolúveis em água e parcialmente solúveis em solventes orgânicos (Wong *et al.*, 1996). Uma estrutura tão complexa torna os materiais lignocelulósicos difíceis de biodegradar e difíceis de utilizar pelos microrganismos, resultando em baixas taxas de hidrólise.

A clivagem das ligações LCC e a remoção da lenhina continuam a ser os principais obstáculos à biodegradabilidade da biomassa lenhinocelulósica. Se as ligações LCC forem clivadas, a celulose e as hemiceluloses tornam-se mais acessíveis à hidrólise enzimática e à fermentação. O ácido ferúlico liga-se à lenhina através de ligações éter e aos hidratos de carbono através de dímeros de ésteres de ferulato, ligando já as cadeias de polissacarídeos, e pode também ser incorporado nas lenhinas através de um mecanismo oxidativo.

É geralmente aceite que a associação dos componentes fenólicos aos hidratos de carbono constitui o maior obstáculo à utilização dos hidratos de carbono. É discutível se esta barreira é causada principalmente por polifenóis (ou seja, lenhina), fenóis oligoméricos ou monofenóis e pode depender da espécie, da parte da planta e da maturidade da planta. Por conseguinte, deve ser concebida uma tecnologia de fracionamento específica para cada cultura herbácea, em função da sua estrutura de lenhina.

2.3. Tipos de pré-tratamento

2.3.1. Pré-tratamento mecânico

2.3.1.1. Cominuição mecânica

Os métodos de pré-tratamento mecânico incluem a fragmentação, a trituração e a moagem (por exemplo, dois rolos, martelo, coloide, vibro-esfera). Este pré-tratamento mecânico leva a uma redução do tamanho das partículas, normalmente para 10-30 mm após a fragmentação e 0,2-2 mm após a moagem ou trituração.

O pré-tratamento mecânico transforma a biomassa num pó fino, aumentando assim a área de superfície da celulose e reduzindo o grau de cristalinidade das celuloses, bem como diminuindo o grau de polimerização das celuloses e hemiceluloses (Galbe e Zacchi, 2007; Palmowski e Muller, 2000).

Gharpuray et al. (1983) investigaram os efeitos da moagem com bolas, moagem fitz e moagem com rolos nas caraterísticas estruturais (cristalinidade, área de superfície e teor de lignina) da palha de trigo. Verificou-se que o pré-tratamento por moagem com bolas era eficaz no aumento da área de superfície específica (2,3 m^2/g em comparação com 0,64 m^2/g para a palha de trigo em bruto) e na diminuição do índice de cristalinidade (23,7 em comparação com 69,6 para a palha de trigo em bruto).

Palmowski et al. (2003) também estudaram o efeito da cominuição em diferentes amostras orgânicas (maçãs, arroz, sementes de girassol, feno e folhas de ácer). Após a cominuição destes substratos, ocorreu uma libertação de compostos orgânicos solúveis por duas razões: as células foram destruídas através da cominuição; e/ou a dissolução de componentes orgânicos através de novas superfícies acessíveis geradas.

No entanto, Bridgeman et al. (2007) mostraram que uma grande redução do tamanho da switchgrass é indesejável, uma vez que provoca perdas significativas de hidratos de carbono que, em última análise, resultam numa pequena quantidade de açúcares redutores. Além disso, este processo não é rentável porque requer muita energia e foi demonstrado que são necessárias maiores quantidades de energia para reduzir o tamanho quando a biomassa tem um teor de humidade mais elevado.

2.3.1.2. Outros tipos de pré-tratamento mecânico

A digestibilidade da biomassa lignocelulósica também pode ser melhorada através da utilização de radiação de alta energia utilizando raios γ, feixes de electrões ou micro-ondas.

Kumakura e Kaetsu (1983) investigaram o efeito do pré-tratamento por irradiação no bagaço: após hidrólise enzimática, foi observado um duplo rendimento de glucose na amostra pré-tratada. A clivagem das ligações β-(1,4)-glicosídicas, que conduz a um aumento da área de superfície e a uma redução da cristalinidade, foi observada após a aplicação de raios γ à celulose (Takacs *et al.*, 2000).

O pré-tratamento por micro-ondas combinado com o pré-tratamento ácido (HCl) foi utilizado na palha e no farelo de trigo (Fan *et al.*, 2005; Pan *et al.*, 2008). O açúcar solúvel total no farelo de trigo pré-tratado com ácido assistido por micro-ondas aumentou de 0,086 g/g TS para 0,461 g/g TS em 9 min de tempo de hidrólise. Geralmente, a irradiação por micro-ondas pode alterar a ultra-estrutura da celulose, degradar as hemiceluloses e aumentar a acessibilidade do substrato. No entanto, o pré-tratamento por micro-ondas tem várias desvantagens, incluindo o elevado consumo de energia, procedimentos de operação complicados e controlo rigoroso do equipamento.

2.3.2. Pré-tratamento térmico

2.3.2.1. Água quente líquida

Durante o tratamento com água quente líquida (LHW), o substrato lignocelulósico é aquecido a uma temperatura elevada (200-230°C) durante alguns minutos.

A água sob alta pressão pode penetrar na biomassa, aumentando a área de superfície e, consequentemente, a remoção de hemiceluloses e lignina. Geralmente, todas as hemiceluloses, 35-60% da lignina e 4-22% da celulose são dissolvidos (Mosier *et al.*, 2005; Wyman *et al.*, 2005; Boussarsar, 2008; Simo *et al.*, 2016).

Podem ser utilizados três tipos de reactores para o pré-tratamento com água quente líquida: co-corrente (a biomassa e a água são aquecidas em conjunto durante um determinado tempo de permanência), contracorrente (a água e as lignoceluloses movem-se em direcções opostas) e fluxo (a água quente passa sobre um leito estacionário de lignoceluloses).

2.3.2.2. Explosão de vapor

Durante a explosão a vapor, a biomassa lignocelulósica é aquecida rapidamente a uma temperatura elevada (160-260°C) com pressão suficiente (7-50 bar) para permitir que as moléculas de água penetrem na estrutura do substrato durante alguns minutos. A pressão é então subitamente libertada para permitir que as moléculas de água saiam de forma explosiva. Este pré-tratamento abre as células vegetais, aumenta a área de superfície e melhora a digestibilidade da biomassa (Ballesteros *et al.*, 2000).

De acordo com Ramos (2003), a lenhina é degradada principalmente através da clivagem homolítica do éter β-O-4 e de outras ligações ácido-lábeis, produzindo uma série de derivados de álcool cinamílico e subprodutos de condensação. Uma limitação da explosão a vapor é a rutura incompleta da matriz de lenhina-carbohidratos (Kumar *et al.*, 2009a).

Consequentemente, o pré-tratamento com vapor pode ser melhorado através da utilização de um catalisador ácido, como o H_2SO_4 ou SO_2 (1-2 %w/w), que aumenta a recuperação dos açúcares hemicelulósicos (Galbe e Zacchi, 2007). A explosão de vapor de SO_2 a 190°C durante 2 min foi aplicada à palha de trigo e ao abeto: a solubilização das hemiceluloses foi observada em, respetivamente, 46% e 85% (Li e Chen, 2007).

2.3.2.3. AFEX (Explosão de fibras de amoníaco)

O AFEX é um pré-tratamento físico-químico em que a biomassa é exposta a amoníaco líquido a uma temperatura relativamente elevada (90-120°C) durante um período de 30 minutos, seguido de uma redução súbita da pressão.

O pré-tratamento AFEX reduz o teor de lignina, aumenta a área de superfície, e a celulose e as hemiceluloses são bem preservadas, mostrando pouca ou nenhuma degradação (Moniruzzaman *et al.*, 1997). O AFEX demonstrou ser insuficientemente eficaz para substratos com elevado teor de lenhina, como o choupo sob a forma de aparas ou madeira (McMillan, 1994). Por exemplo, o índice de cristalinidade da palha de milho foi significativamente reduzido (de 50,3 para 36,3), enquanto o índice de cristalinidade do choupo não se alterou.

2.3.2.4. Explosão de CO2

Na explosão de CO2, a biomassa é exposta ao CO2 a baixas temperaturas (30-50°C) e a alta pressão (140-180 bar) durante um curto período de tempo, seguido de uma queda brusca de pressão. A explosão de CO2 é semelhante à explosão de vapor e à AFEX: as moléculas de dióxido de carbono são comparáveis em tamanho às da água e do amoníaco e são capazes de penetrar em pequenos poros acessíveis às moléculas de água e amoníaco.

Com a libertação explosiva da pressão de dióxido de carbono, a rutura da estrutura celulósica aumenta a área de superfície acessível (Zheng *et al.*, 1998). Além disso, um aumento da pressão facilita a penetração mais rápida das moléculas de dióxido de carbono nas estruturas cristalinas e é produzida mais glucose no hidrolisado biológico da biomassa. Uma vez dissolvido em água, o dióxido de carbono forma ácido carbónico. Embora seja um ácido fraco, deve ser útil na hidrólise das hemiceluloses e da celulose.

A explosão de CO2 é mais económica do que a explosão de vapor porque a temperatura necessária no processo é mais baixa. Foi também demonstrado que é mais rentável do que a explosão de amoníaco. Uma outra vantagem da utilização da explosão de CO2 e do AFEX em vez da explosão a vapor é o facto de ambos evitarem a decomposição da xilose que produz furfural, um inibidor do processo biológico envolvido na produção de bioetanol.

2.3.2.5. Oxidação húmida

O pré-tratamento por oxidação húmida envolve o tratamento da biomassa com ar ou oxigénio a temperaturas superiores a 120°C. Foi apresentado no início dos anos 80 como uma alternativa à explosão a vapor. Este processo é um método eficaz para separar a fração celulósica da lenhina e das hemiceluloses.

As hemiceluloses são clivadas em açúcares monoméricos, as lenhinas sofrem clivagem e oxidação e a celulose é parcialmente degradada. A oxidação húmida a 195°C durante 15 min levou à solubilização de 95% das hemiceluloses e 40-50% da lenhina do bagaço de cana-de-açúcar (Martin *et al.*, 2007). A oxidação húmida alcalina a 185°C durante 5 min no mesmo substrato solubilizou apenas 30% das hemiceluloses e 20% da lenhina.

A combinação da oxidação húmida com o pré-tratamento alcalino permitiu a redução da temperatura no processo e, consequentemente, evitou a formação de compostos solúveis como o furfural (Ahring *et al.*, 1996; Martin *et al.*, 2007).

2.3.3. Pré-tratamento químico

2.3.3.1. Pré-tratamento ácido

O pré-tratamento ácido é utilizado para remover eficazmente as hemiceluloses, quebrando as ligações éter dos complexos lenhina/fenólico-carbohidratos sem dissolver a lenhina.

Os ácidos concentrados (normalmente 72% de H2SO4 ou 42% de HCl a baixa temperatura) conduzem normalmente à conversão de pelo menos 90% do glucano potencial da biomassa em glucose (Xiao e Clarkson, 1997). No entanto, os ácidos concentrados são corrosivos e tóxicos e, para tornar o processo economicamente viável, têm de ser recuperados após o pré-tratamento (Sun e Cheng, 2002). Consequentemente, o pré-tratamento com ácido diluído parece ser um processo mais prometedor e tem sido amplamente estudado. São normalmente utilizadas concentrações de 0,4-2% de H2SO4 a temperaturas entre 160 e 220°C durante alguns minutos (Willfor *et al.*, 2005). O tratamento com ácido sulfúrico diluído tem sido utilizado com sucesso para hidrolisar as hemiceluloses em açúcares com elevados rendimentos, para alterar a estrutura da lenhina e para aumentar a área da superfície celulósica. O ácido sulfúrico é o mais utilizado, mas outros ácidos têm sido utilizados, incluindo o ácido clorídrico, fosfórico, nítrico e acético, por vezes associado ao ácido nítrico. O ácido peracético, que é também um oxidante, mostrou levar a uma redução drástica do índice de cristalinidade; isto foi atribuído ao inchaço estrutural e à dissolução do componente de celulose cristalina.

As desvantagens do pré-tratamento ácido são o facto de implicar um reagente corrosivo, com a correspondente neutralização a jusante, e materiais especiais para a construção do reator.

2.3.3.2. Pré-tratamento alcalino

O pré-tratamento alcalino é utilizado principalmente para a clivagem de ligações éster em complexos de lenhina/fenólico-carbohidratos. Leva à saponificação dos ésteres das ligações urónicas entre hemiceluloses e lenhina, incha as fibras e aumenta o tamanho dos poros, facilitando a difusão das enzimas hidrolíticas.

O pré-tratamento com cal ou soda aquosa demonstrou ser eficaz a uma temperatura inferior à utilizada no tratamento ácido, mas o tempo necessário é da ordem das horas ou dias, em vez dos minutos ou segundos necessários para o pré-tratamento ácido. Por exemplo, a degradação da lenhina, a clivagem das ligações entre a lenhina e os hidratos de carbono, a solubilização da lenhina (14%) e o aumento da acessibilidade das holoceluloses foram observados após a aplicação do pré-tratamento com cal à palha de trigo a 85°C durante 3 h (Chang *et al.*, 1998). A destruição da ligação éster nos LCCs foi observada durante o pré-tratamento com NaOH da palha de arroz.

O amoníaco pode também ser utilizado no pré-tratamento por percolação com reciclagem de amoníaco (ARP). O amoníaco aquoso passa através da biomassa num reator de percolação (tipo leito empacotado, fluxo) a altas temperaturas (150-170°C). Nestas condições, o amoníaco reage com a lenhina e não com a celulose. A ARP é eficaz para a deslenhificação de madeira dura e de resíduos agrícolas, mas menos eficaz para madeira macia (Mosier *et al.*, 2005). Por exemplo, na palha de milho, a ARP removeu 75-85% da lenhina total e solubilizou 50-60% das hemiceluloses, mas reteve mais de 92% do teor de celulose (Kim e Lee, 2005). Iyer et al. (1996) observaram uma deslenhificação de 60-80% de uma mistura de espigas de milho e de palha.

O pré-tratamento oxidativo (H_2O_2, O_3, $FeCl_3$) também pode ser utilizado para solubilizar a lenhina e as hemiceluloses e para aumentar a área de superfície da celulose.

O peróxido de hidrogénio é normalmente utilizado em associação com álcali (pH=11,5; Rabelo *et al.*, 2008). Por exemplo, 50% da lignina e a maioria das hemiceluloses foram solubilizadas por 2% de H_2O_2 a pH=11,5 e 30°C por 8 h em bagaço de cana (Azzam, 1989). Ao aplicar 1% de H_2O_2 a pH=11,5 e 65°C durante 3 h em palha de milho, observou-se 66% de deslenhificação em comparação com a palha de milho não tratada (Selig *et al.*, 2009). Enquanto 5% de NaOH a 85°C e 15% de NH_3 a 120°C conduziram a níveis comparáveis de remoção de lenhina e hemicelulose das fracções sólidas, a utilização de amoníaco conduziu a uma degradação significativa de xilano, galactano, arabinano e manano provenientes das hemiceluloses. Um pré-tratamento com 5% de H_2O_2, 5% de NaOH e 85°C também se mostrou eficaz na solubilização do LCC.

O ozono pode ser aplicado para degradar a lenhina, embora as hemiceluloses sejam ligeiramente afectadas e a celulose não o seja de todo. Por exemplo, foi observada uma redução do teor de lenhina de 29% para 8% após o pré-tratamento por ozonólise da serradura de choupo (Vidal e Molinier, 1988). Ben-Ghedalia e Miron (1981) mostraram 60% de remoção de lenhina aplicando o pré-tratamento com ozono à palha de trigo. Embora o processo seja realizado à temperatura ambiente e à pressão normal, este pré-tratamento requer uma grande quantidade de ozono, o que torna o processo dispendioso.

Os sais inorgânicos (NaCl, KCl e $FeCl_3$) também foram testados como catalisadores para a degradação das hemiceluloses no restolho de milho. O pré-tratamento com FeCl3 foi o mais eficaz na palha de milho, removendo quase todas as hemiceluloses; este pré-tratamento pode romper quase todas as ligações de éter e algumas ligações de éster entre a lenhina e os hidratos de carbono, mas não teve qualquer efeito na deslenhificação. O FeCl3 aumentou significativamente a degradação das hemiceluloses em soluções aquosas aquecidas a 140-200°C, com 90% de solubilização da xilose e apenas 10% de remoção da celulose (Liu *et al.*, 2009[a] ; Liu *et al.*, 2009[b]).

2.3.3.4. Pré-tratamento Organosolv

No processo Organosolv, é utilizada uma mistura de solventes orgânicos ou aquosos com catalisadores ácidos inorgânicos para quebrar as ligações internas da lenhina e das hemiceluloses. Os solventes geralmente utilizados são o metanol, o etanol, a acetona, o etilenoglicol, o trietilenoglicol e o álcool tetrahidrofurfurílico; os ácidos utilizados são o HCl ou o H2SO4 (Kumar *et al.*, 2009).

Para a maioria dos processos Organosolv a altas temperaturas (185-210°C), não há necessidade de adição de ácido porque os ácidos orgânicos libertados da biomassa a esta temperatura actuam como catalisadores para a decomposição do LCC (Duff e Murray, 1996). A maior parte das hemiceluloses e da lignina é solubilizada, mas a celulose permanece sólida, o que torna esse processo competitivo em relação ao processo do bioetanol (Zhao *et al.*, 2009).

Durante o processo Organosolv com choupo utilizando etanol aquoso, a recuperação de lenhina e hemiceluloses foi de 74% e 72%, respetivamente (Pan *et al.*, 2006). No caso de um pré-tratamento com etilenoglicol da palha de trigo, a solubilização foi observada a um nível de 95% para as hemiceluloses e 64% para a deslenhificação (Gharpuray *et al.*, 1983).

No entanto, no final do pré-tratamento com Organosolv, os solventes utilizados no processo devem ser removidos do reator porque podem inibir o crescimento de microrganismos e devem ser reciclados para reduzir os custos.

2.3.3.5. Líquidos iónicos

Os líquidos iónicos também têm sido investigados como auxiliares na dissolução da biomassa lignocelulósica. Os líquidos iónicos oferecem várias vantagens: têm um impacto ambiental mínimo devido à sua baixa volatilidade e podem ser reutilizados após o pré-tratamento. O pré-tratamento com líquido iónico da biomassa lignocelulósica produz celulose amorfa com pouca cristalinidade residual.

O choupo e o switchgrass foram pré-tratados com (Emin)-O-Ac (acetato de 1-etil 3-metil imidazólio) durante 30 minutos a 120°C. Para choupo e switchgrass, a cristalinidade caiu de 38% para 8% (wt%) e de 21% para 6%, respetivamente (Samayam e Schall, 2010). Além de reduzir a cristalinidade, os líquidos iónicos podem remover eficazmente a lenhina. A farinha de madeira foi pré-tratada com (Emin)-O-Ac durante 90 minutos a temperaturas que variaram entre 50 e 130°C. A 110°C, 44% da lignina foi removida e a cristalinidade foi reduzida de 63% para 30% (Lee *et al.*, 2009).

Atualmente, porém, este processo é demasiado dispendioso para ser aplicado como pré-tratamento lignocelulósico devido, principalmente, ao elevado custo dos líquidos iónicos.

2.3.4. Pré-tratamento biológico

Durante o pré-tratamento biológico, enzimas industriais como a celulase e a xilanase ou enzimas lignolíticas (lacase, lignina e manganês peroxidase) são utilizadas para decompor todos os componentes das lignoceluloses, incluindo a lignina, o polímero mais refratário ao ataque microbiano.

Estas enzimas podem também ser produzidas por microrganismos como os fungos de podridão castanha, branca e mole. Os fungos de podridão branca são os mais eficazes no pré-tratamento biológico da biomassa lignocelulósica. A degradação da lenhina pelos fungos de podridão branca ocorre através da ação de enzimas de degradação da lenhina, como as peroxidases (lenhina peroxidase, manganês peroxidase, peroxidase versátil e lacase).

Para oxidar a lenhina, as laccases, com baixo potencial redox, necessitam da presença de pequenos compostos que formam radicais estáveis que actuam como mediadores redox. Um papel mediador é também desempenhado pelo ião Mn^{3+} formado durante a oxidação do Mn^{2+} pela manganês peroxidase e pela versátil peroxidase (que actua como oxidante de estruturas fenólicas e iniciador de reacções de peroxidação lipídica), bem como por alguns radicais aromáticos necessários para a oxidação da lenhina pela lenhina peroxidase, enquanto a versátil peroxidase pode oxidar a lenhina diretamente (Martinez *et al.*, 2009).

Os vários tipos de pré-tratamento biológico são considerados amigos do ambiente e economizadores de energia, uma vez que são efectuados a baixa temperatura e não necessitam de quaisquer produtos químicos. No entanto, o pré-tratamento biológico, devido às suas taxas de tratamento muito baixas, deve ser combinado com outros tipos de pré-tratamento.

A Tabela 2.1 apresenta uma síntese dos métodos de pré-tratamento da biomassa lignocelulósica com as suas principais vantagens e desvantagens.

Tabela 2.1. Métodos de pré-tratamento da biomassa lignocelulósica

Pré-tratamento	Processo/Métodos	Vantagens	Desvantagens
Mecânica	Fresagem Raios X Raios gama Micro-ondas	Simples de configurar Baixo impacto ambiental (sem produtos químicos) Redução de tamanho	Necessidades energéticas elevadas Sem deslenhificação Baixa solubilização
Térmica	Explosão de vapor Explosão de CO_2 Explosão de SO_2 AFEX Hidrotermólise Pirólise	Eficiente Elevada solubilização de hemiceluloses Deslenhificação parcial	Necessidades energéticas elevadas Inchaço da biomassa Produção de inibidores
Biológico	Fungos Enzimas	Especificidade Necessidades energéticas reduzidas Solubilização parcial e deslenhificação	Baixa taxa de cinética Necessidade de um acompanhamento em linha Pouco interesse no sector

Química	Ácidos	Rápida taxa de cinética	
	Alcali	Especificidade	Elevado impacto ambiental
	Oxidação húmida	Elevada solubilização de hemiceluloses	
	Líquidos iónicos		Produção de inibidores
	Ozonólise	Deslenhificação parcial e/ou total	
	Organosolv		

(Chandra *et al.*, 2012)

2.4. Hidrotermólise

2.4.1. Definição e mecanismos

[st]A hidrotermólise é um tipo de tratamento líquido a quente (LHT) que ganhou grande importância no século XXI. Por exemplo, são utilizados muitos termos para caraterizar os processos de LHT, tais como: auto-hidrólise, hidrotermólise, extração aquosa ou liquefação, aquasolv, pré-hidrólise da água e tratamento de vapor ou extração por vapor. É importante notar que estes termos não são semelhantes em termos de mecanismo e descrição do processo. Por outro lado, a hidrotermólise não é uma termo-hidrólise em termos físico-químicos e de processo, apesar de todos estes pré-tratamentos serem processos de tratamento líquido a quente.

A hidrotermólise (HT) é um processo físico-químico que tem como objetivo hidrolisar especificamente as hemiceluloses e separá-las da matriz lenhinocelulósica sem a utilização de quaisquer produtos químicos. A água é utilizada sob alta temperatura e pressão para quebrar as ligações em rede formadas pela lenhina, hemiceluloses e celulose. No processo HT, a temperatura deve ser fixada entre 150°C e 230°C sob alta pressão para garantir a reação de hidrólise.

Durante o tratamento, a lignocelulose será solubilizada por autoionização da água com iões hidrónio que servem de catalisadores. As ligações éter heterocíclicas são as mais afectadas por este tipo de reação que merece a produção de oligossacarídeos solúveis e de ácido acético por saponificação dos grupos acetilo das hemiceluloses. Quando a fase de reação já está avançada, formam-se iões de hidrónio após a auto-ionização do ácido acético, que servem de catalisador para a degradação dos oligómeros em monómeros (xilose ou glucose). Estes monómeros podem ser facilmente desidratados, respetivamente, em furfural e hidroximetilfurfural nestas condições de funcionamento.

Durante a hidrotermólise, a concentração de iões de hidrónio derivados do ácido acético é superior à da água. Além disso, os ácidos urónicos podem ser produzidos e contribuir para a formação de iões de hidrónio, mas os mecanismos e efeitos não foram claramente estabelecidos. Por outro lado, a arabinose é facilmente decomposta em cadeia de xilanos durante a reação.

Os principais produtos da hidrotermólise em condições moderadas em termos de temperatura e pressão são os xilooligossacáridos que se apresentam sob diversas formas consoante o peso molecular. Esta ampla distribuição dos xilooligossacáridos depende da natureza do substrato e das condições de funcionamento. De facto, os tratamentos severos são responsáveis pela redução do grau de polimerização e aumentam a degradação dos xilooligossacáridos em xilose.

2.4.2. Descrição do processo

Durante o tratamento hidrotérmico, a água sob alta pressão penetra na biomassa, aumentando a área de superfície e, consequentemente, a remoção de hemiceluloses e lignina. Geralmente, todas as hemiceluloses, 35-60% da lignina e 4-22% da celulose são dissolvidos (Mosier *et al.*, 2005; Wyman *et al.*, 2005; Boussarsar, 2008; Simo *et al.*, 2016). A eficiência do processo de HT depende de alguns factores experimentais, tais como: temperatura, tempo e razão líquido/sólido. Alguns autores exploraram as condições experimentais no tratamento hidrotérmico de substratos lignocelulósicos (Tabela 2.2).

A temperatura está geralmente compreendida entre 150°C e 230°C. Esta temperatura foi fixada devido à baixa cinética de hidrólise das reacções químicas em torno dos 100°C. Por outro lado, as reacções de degradação da celulose começam entre 210°C e 220°C.

O tempo de reação no processo HT varia geralmente de segundos a horas a alta temperatura. De facto, um tempo de reação reduzido corresponde a uma temperatura elevada a aplicar. Por isso, é importante regular o tempo de reação para evitar a conversão completa das hemiceluloses durante o tratamento hidrotérmico.

O rácio líquido/sólido é um parâmetro importante para a hidrotermólise que depende do tamanho das partículas e do teor de água da biomassa. Alguns autores estudaram este fator e concluíram que deve ser incluído entre 1 e 40 g/g. No entanto, uma baixa variação da razão líquido/sólido gera um efeito pouco influente no tratamento hidrotérmico da biomassa lignocelulósica.

Tabela 2.2. Condições de tratamento hidrotérmico da biomassa lignocelulósica

Substrato	Temperatura (°C)	Tempo (min)	Relação L/S (g/g)	Referências
Palha Maïze	160	75	8	Kabel et al. (2002)
Palha Maïze	180-223	3-5	8	Garrote et al. (2001)
Caule de Maïze	190-230	10-20	25	Tortosa et al. (1995)
Bagaço de cana-de-açúcar	185-208	20-29	4	Fontana et al. (1995)
Sêmea de trigo	155	60	10	Kabel et al. (2002)
Palha de trigo	190	8	10	Carrasco et al. (1994)
Bagaço de sorgo	230	0.5	10	Carrasco et al. (1994)
Erva de bambu	169.6-206.2	10	38	Aoyama et al. (1996)
Rebento de videira	190	8	10	Carrasco et al. (1994)
Malte de cervejaria	150	60	8	Kabel et al. (2002)

2.4.3. Desempenho do reator

A termo-hidrólise é diferente da hidrotermólise. É importante notar que a termo-hidrólise é um processo físico-químico em que a lignocelulose é hidrolisada pela temperatura para conversão. Mas na hidrotermólise, a matriz lignocelulósica é convertida pela água sob condições elevadas de temperatura e pressão.

Este processo baseia-se no contacto direto entre materiais lignocelulósicos e vapor saturado. Este estado da água é utilizado desde há algumas décadas na indústria para solubilizar a biomassa, nomeadamente na indústria do papel. Este processo foi configurado em batelada alimentada (Iotech Process) e em fluxo contínuo (Stake II). De uma forma geral, existem 2 modelos desta tecnologia específica que foram testados à escala piloto:

O primeiro processo era em lote alimentado, denominado "Masonite Gun". Este baseava-se num digestor descontínuo no qual o vapor saturado é introduzido sob alta pressão, aproximadamente a 64 bar. As condições típicas deste processo apresentam uma variação de temperatura e tempo respetivamente entre 180°C e 260°C e 2 e 15 min, dependendo do tipo de biomassa a tratar.

O segundo processo baseia-se no mesmo princípio e é designado por "Reator de Estaca". Trata-se de uma unidade de fase contínua que é normalmente utilizada para tratar a biomassa lignocelulósica na indústria. Trata-se de uma modificação do processo Masonite que permite o funcionamento em fluxo contínuo. A tecnologia Stake II foi aplicada por Heitz et al. (1991).

A Figura 2.3 mostra três tipos de reactores que podem ser utilizados para o pré-tratamento de água quente líquida: (a). Cocorrente, (b). Contracorrente e (c). Processos de fluxo contínuo.

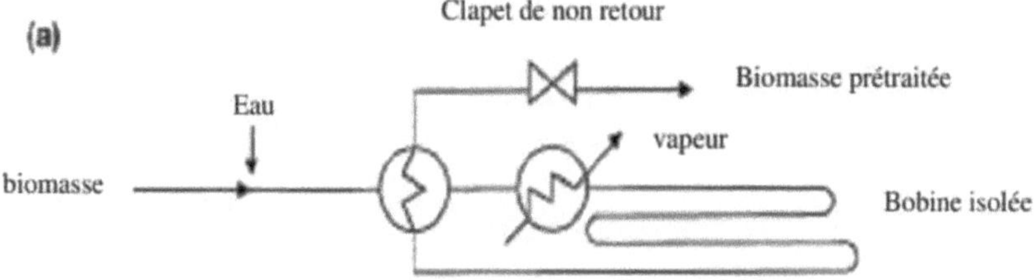

Figura 2.3. (a) Processo em co-corrente de hidrotermólise

No processo simultâneo, a biomassa e a água são misturadas e aquecidas a alta temperatura e baixo tempo de residência, respetivamente, entre 140-180°C e 15-20 min. Após o pré-tratamento, a biomassa lignocelulósica é totalmente digerida por hidrólise enzimática.

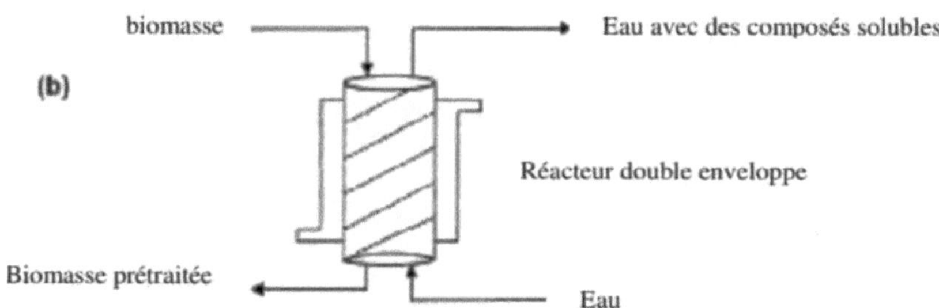

Figura 2.3. (b) Processo de hidrotermólise em contracorrente

A configuração em contracorrente é concebida para mover a biomassa e a água em direcções opostas no reator. A água recupera os compostos solúveis ao mesmo tempo que solubiliza o material lignocelulósico.

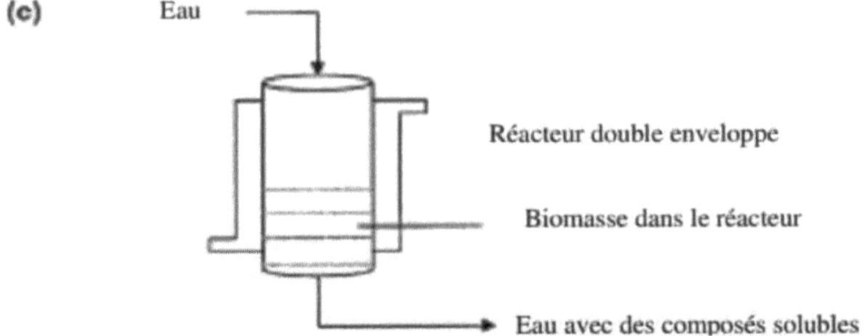

Figura 2.3. (c) Processo de fluxo contínuo de hidrotermólise

No reator de fluxo contínuo, a água quente (temperatura: 180-220°C e pressão: 350-400 psig) passa através de um leito fixo do biomaterial para hidrolisar e solubilizar a matriz lignocelulósica antes de excluir os compostos do reator. O rendimento da conversão é de cerca de 96%, mas nesta conceção, o rendimento da recuperação é demasiado baixo (0,6-5,8 g/L). Estes sólidos recuperados têm uma maior suscetibilidade à hidrólise enzimática e à solubilização da lenhina.

2.5. Conclusão

A hidrotermólise implica uma degradação significativa dos substratos lignocelulósicos sem a utilização de quaisquer produtos químicos. Mas as suas condições experimentais são muito severas e podem corroer o equipamento, especialmente o reator durante o pré-tratamento. Ao solubilizar as hemiceluloses, a água actua como um ácido e impulsiona a conversão dos açúcares monómeros em furanos. A altas temperaturas e pressão, os açúcares monómeros serão rapidamente degradados em hidroximetilfurfural (HMF) e furfural, que são potenciais inibidores da fermentação. Alguns autores demonstraram que muitos outros produtos de degradação são gerados após o tratamento hidrotérmico. Esta é a razão pela qual é necessário realizar técnicas de purificação antes de as incluir no bioreactor para a produção de energia renovável.

2.6. Referências

1. Taherzadeh M.J. e Karimi K. (2008). Pré-tratamento de resíduos lignocelulósicos

para melhorar a produção de etanol e biogás: A review. *Jornal Internacional de Ciências Moleculares*, 9: 1621-1651.

2. Monlau F., Barakat A., Trably E., Dumas C., Steyer J.P., Carrère H. (2013). Materiais lignocelulósicos em biohidrogénio e biometano: Impacto das caraterísticas estruturais e do pré-tratamento. *Critical Reviews in Environmental Science and Technology*, 43: 260-322.

3. Hayashi N., Kondo T., Ishihara M. (2005). Elementos curtos nano-ordenados produzidos enzimaticamente contendo domínios cristalinos de celulose I β. *Carbohydrate Polymers*, 61: 191-197.

4. Gupta R. e Lee Y.Y. (2009). Mecanismo de reação da celulase em substratos celulósicos puros. *Biotecnologia e Bioengenharia*, 102: 1570 -1581.

5. Chang V.S. e Holtzapple M.T. (2000). Factores fundamentais que afectam a reatividade enzimática da biomassa. *Bioquímica Aplicada e Biotecnologia*, 8 (4-6): 5-37.

6. Beaugrand J., Cronier D., Thiebeau P., Schreiber L., Debeire P., Chabbert B. (2004). Estrutura, composição química e degradação por xilanase de camadas externas isoladas de grãos de trigo em desenvolvimento. *Journal of Agricultural and Food Chemistry*, 52: 7108-7117.

7. Faulds C.B., Mandalari G., Curto R.B.L., Bisignano G., Waldron K.W. (2006). Influência da composição de arabinoxilano na suscetibilidade de libertação de ácido ferúlico mono e dimérico por Humicola insolens feruloil esterases. *Journal of the Science of Food and Agriculture*, 86: 16231630.

8. Park S., Venditti R.A., Abrecht D.G., Jameel H., Pawlak J.J., Lee J.M. (2007). Modificação da estrutura da superfície e dos poros das fibras de celulose através do tratamento com celulase. *Journal of Applied Polymer Science*, 103: 3833-3839.

9. Barakat A., Gaillard C.D., Lairez D., Saulnier L., Chabbert B., Cathala B. (2008). Organização supramolecular de nanopartículas de polímeros de desidrogenação de heteroxilanos (lignina sintética). *Biomacromoléculas*, 9: 487493.

10. Wong K., Yokota S., Saddler J.N., De Jong E. (1996). Hidrólise enzimática de complexos de lenhina-crabohidratos isolados de polpa kraft. *Journal of Wood Chemistry and Technology*, 16: 121-138.

11. Galbe M. e Zacchi G. (2007). Pré-tratamento de materiais lignocelulósicos para a produção eficiente de bioetanol. *Biofuels*, 108: 41-65.

12. Palmowski L.M. e Muller J.A. (2003). Degradação anaeróbia de materiais orgânicos: Significância da área de superfície do substrato. *Ciência e Tecnologia da Água, 47:* 231-238.

13. Gharpuray M.M., Lee Y.H., Fan L.T. (1983). Modificação estrutural de lignocelulósicos por pré-tratamentos para melhorar a hidrólise enzimática. *Biotecnologia e Bioengenharia*, 25: 157-172.

14. Bridgeman T.G., Darvell L.I., Jones J.M., Williams P.T., Fahmi R., Bridgwater A.V., Barraclough T., Shield I., Yates N., Thain S.C., Donnison I.S. (2007). Influência do tamanho das partículas nas propriedades analíticas e químicas de duas culturas energéticas. *Fuel*, 86: 60-72.

15. Kumakura M. e Kaetsu I. (1983). Effect of radiation prereatment of bagasse on enzymatic and acid-hydrolysis. *Biomassa*, 3: 199-208.

16. Takacs E., Wojnarovits L., Foldvary C., Hargittai P., Borsa J., Sajo I. (2000). Effect of combined gamma-irradiation and alkali treatment on cotton-cellulose. *Radiation Physics and Chemistry*, 57: 399-403.

17. Fan Y.T., Zhang Y.H., Zhang S.F., Hou H.W., Ren B.Z. (2005). Conversão eficiente de resíduos de palha de trigo em gás biohidrogénio através de composto de estrume de vaca. *Bioresource Technology*, 97: 500-505.

18. Pan C.M., Fan Y.T., Hou H.W. (2008). Produção fermentativa de hidrogénio a partir de farelo de trigo por culturas anaeróbias mistas. *Investigação em Química Industrial e de Engenharia*, 47: 5812-5818.

19. Mosier N., Wyman C., Dale B., Elander R., Lee Y.Y., Holtzapple M., Ladisch M. (2005). Caraterísticas de tecnologias promissoras para o pré-tratamento de biomassa

lignocelulósica. *Bioresource Technology*, 96: 673-686.

20. Wyman C.E., Dale B.E., Elander R.T., Holtzapple M., Ladisch M.R., Lee Y.Y. (2005). Comparative sugar recovery data from laboratory scale application of leading prereatment technologies to corn stover. *Bioresource Technology*, 96: 2026-2032.

21. Ballesteros I., Oliva J.M., Navarro A.A., Gonzalez A., Carrasco J., Ballesteros M. (2000). Efeito do tamanho das aparas no pré-tratamento de madeira macia por explosão de vapor. *Bioquímica Aplicada e Biotecnologia*, 84: 97-110.

22. Ramos L.P. (2003). A química envolvida no tratamento a vapor de materiais lignocelulósicos. *Química Nova*, 26: 863-871.

23. Kumar P., Barrett D.M., Delwiche M.J., Stroeve P. (2009). Métodos de pré-tratamento de biomassa lignocelulósica para hidrólise eficiente e produção de biocombustível. *Investigação em Química Industrial e de Engenharia*, 48: 3713-3729.

24. Li D.M. e Chen H.Z. (2007). Produção biológica de hidrogénio a partir de palha explodida a vapor por sacarificação e fermentação simultâneas. *International Journal of Hydrogen Energy*, 32: 1742-1748.

25. Moniruzzaman M., Dale B.E., Hespell R.B., Bothast R.J. (1997). Hidrólise enzimática de fibra de milho de alta humidade pré-tratada por AFEX e recuperação e reciclagem do complexo enzimático. *Applied Biochemistry and Biotechnology, 67:* 113-126.

26. Zheng Y.Z., Lin H.M., Tsao G.T. (1998). Pré-tratamento para hidrólise de celulose por explosão de dióxido de carbono. *Biotechnology Progress*, 14: 890-896.

27. Martin C., Klinke H.B., Thomsen A.B. (2007). A oxidação húmida como método de pré-tratamento para melhorar a convertibilidade enzimática do bagaço de cana-de-açúcar. *Enzyme and Microbial Technology*, 40: 426-432.

1 8.Simo F.W.S., Nso E.J., Kapseu C. (2016). Melhorar a produção de biogás do bagaço de cana-de-açúcar por pré-tratamento hidrotérmico. *Jornal de Engenharia Química e Biomolecular*, 1(3): 21-25.

29   Xiao W. e Clarkson W.W. (1997). Solubilização ácida de lignina e bioconversão de papel de jornal tratado em metano. *Biodegradação*, 8: 6166.

30   Sun Y. e Cheng J. (2002). Hidrólise de materiais lignocelulósicos para a produção de etanol: A review. *Bioresource Technology*, 83: 1-11.

31   . Willfor S., Sundberg A., Hemming J., Holmbom B. (2005). Polissacarídeos em algumas espécies de madeira macia de importância industrial. *Ciência e Tecnologia da Madeira*, 39: 245-258.

32   Chang V.S., Nagwani M., Holtzapple M.T. (1998). Pré-tratamento com cal de bagaço de resíduos de culturas e palha de trigo. *Applied Biochemistry and Biotechnology*, 74: 135-159.

33   Rabelo S.C., Maciel R., Costa A.C. (2008). Comparação entre os pré-tratamentos com cal e peróxido de hidrogénio alcalino do bagaço de cana-de-açúcar para a produção de etanol. *Bioquímica Aplicada e Biotecnologia*, 141: 4558.

34   Azzam A.M. (1989). Pré-tratamento do bagaço de cana com peróxido de hidrogénio alcalino para hidrólise enzimática da celulose e fermentação do etanol. *Journal of Environmental Science and Health: Pesticides Food Contaminants and Agricultural Wastes*, 24: 421-433.

35   Selig M.J., Vinzant T.B., Himmel M.E., Decker S.R. (2009). O efeito da remoção de lignina por pré-tratamento com peróxido alcalino na suscetibilidade da palha de milho a enzimas celulolíticas e xilanolíticas purificadas. *Bioquímica Aplicada e Biotecnologia*, 155: 397-406.

36   Vidal P.F. e Molinier J. (1988). Ozonólise da lenhina: Melhoria da digestibilidade in vitro da serradura de choupo. *Biomassa*, 16: 1-17.

37   . Ben-Ghedalia D. e Miron J. (1981). The effect of combined chemical and enzyme treatments on the saccharification and in vitro digestion rate of wheat straw. *Biotechnology and Bioengineering*, 23: 823-831.

38   Liu L., Sun J.S., Cai C.Y., Wang S.H., Pei H.S., Zhang J.S. (2009). Pré-tratamento da palha de milho por sais inorgânicos e seus efeitos na degradação da hemicelulose e

da celulose. *Bioresource Technology*, 100: 5865-5871.

39   Duff S.J.B. e Murray W.D. (1996). Bioconversão de resíduos celulósicos da indústria de produtos florestais em etanol combustível: A review. *Bioresource Technology, 55:* 1-33.

40   Zhao X.B., Cheng K.K., Liu D.H. (2009). Pré-tratamento organosolv de biomassa lignocelulósica para hidrólise enzimática. *Microbiologia Aplicada e Biotecnologia*, 82: 815-827.

41   Pan X.J., Gilkes N., Kadla J., Pye K., Saka S., Gregg D., Ehara K., Xie D., Lam D., Saddler J. (2006). Bioconversão de choupo híbrido em etanol e co-produtos utilizando um processo de fracionamento organosolv: Otimização dos rendimentos do processo. *Biotecnologia e Bioengenharia*, 94: 851-861.

42   Lee S.H., Doherty T.V., Linhardt R.J., Dordick J.S. (2009). Extração selectiva de lenhina da madeira mediada por líquido iónico que conduz a uma hidrólise enzimática melhorada da celulose. *Biotecnologia e Bioengenharia*, 102: 1368-1376.

43   . Martinez A.T., Ruiz-Duenas F.J., Martinez M.J., Del Rio J.C., Gutierrez A. (2009). Deslignificação enzimática da parede celular vegetal: Da natureza à fábrica. *Opinião atual em Biotecnologia*, 20 : 348-357.

44   . Chandra R., Takeuchi H., Hasegawa T. (2012). Produção de metano a partir de resíduos de culturas agrícolas lignocelulósicas: A review in context to second generation of biofuel production. *Renewable and Sustainable Energy Reviews*, 16: 1462-1476.

45   Kabel M., Carvalheiro F., Garrote G., Avgerino E., Koukios E., Parajó J., Girio F., Schols H., Voragen A. (2002). Os subprodutos ricos em xilano tratados hidrotermicamente produzem diferentes classes de xilo-oligossacarídeos. *Carbohydrate Polymers*, 50: 47-56.

46   Garrote G., Dominguez H., Parajó, J. (2001). Fabrico de meios de fermentação à base de xilose a partir de maçarocas de milho por pós-hidrólise de licores de auto-hidrólise. *Bioquímica Aplicada e Biotecnologia*, 95: 195-207.

47   Tortosa J.F., Rubio M., Demetrio G. (1995). Autohidrólisis de tallo de maiz en suspensión acuosa. *Afininidad*, 52: 181-188.

48   Fontana J.D., Ramos L.P., Deschamps F.C. (1995). Bagaço de cana-de-açúcar pré-tratado como modelo para alimentação de bovinos. *Bioquímica Aplicada e Biotecnologia*, 51/52: 105-116.

49   Carrasco J.E., Sàiz M.C., Navarro A., Soriano P., Sàez F., Martinez J.M. (1994). Efeitos dos pré-tratamentos com ácido diluído e vapor na estrutura da celulose e na cinética da hidrólise da fração celulósica por ácidos diluídos em materiais lignocelulósicos. *Applied Biochemistry and Biotechnology*, 45/46: 23-34.

50   Aoyama M. (1996). Tratamento a vapor da erva de bambu. II. Caracterização da hemicelulose solubilizada e digestibilidade enzimática do resíduo extraído com água. *Cellulose Chemistry and Technology*, 30: 385-393.

PARTE III: Tecnologia do biogás

Alessandro Volta

3.1. Introdução

A bioenergia contribui atualmente para 10-15% da utilização total de energia a nível mundial e vários países estabeleceram objectivos para a utilização de combustíveis produzidos a partir da biomassa. Um dos principais factores de desenvolvimento dos biocombustíveis a nível mundial é a preocupação com as alterações climáticas globais, causadas principalmente pela queima de combustíveis fósseis. Existem provas científicas substanciais de que a aceleração do aquecimento global é uma causa das emissões de gases com efeito de estufa. As energias renováveis provenientes de fontes solares, eólicas e de biomassa têm um grande potencial de crescimento para satisfazer as nossas necessidades energéticas futuras. A produção de biocombustíveis é melhor avaliada no contexto de uma biorefinaria. Numa biorrefinaria, as matérias-primas e os subprodutos agrícolas são processados através de uma série de processos biológicos, químicos e físicos para recuperar biocombustíveis, biomateriais, nutracêuticos, polímeros e compostos químicos especializados. A produção integrada de biocombustíveis (biogás, bioetanol e biodiesel), juntamente com alimentos e matérias-primas para a indústria, conhecida como o conceito de biorrefinarias, é atualmente uma área de investigação importante, em que o biogás fornece energia de processo para a produção de biocombustíveis líquidos e utiliza os efluentes dos outros processos como matéria-prima para a AD.

3.2. Digestão anaeróbia

A digestão anaeróbia (DA) é o processo de decomposição da matéria orgânica por um consórcio microbiano num ambiente sem oxigénio, que produz uma energia renovável (biogás). Pode também ser aplicada a uma vasta gama de matérias-primas, incluindo águas residuais industriais e municipais, resíduos agrícolas, municipais, da indústria alimentar e resíduos vegetais.

O processo AD oferece vantagens significativas em relação a outras formas de tratamento de resíduos (Ward *et al.*, 2008), incluindo

• É produzida menos lama de biomassa em comparação com as tecnologias de tratamento aeróbio;

• Tratamento bem sucedido de resíduos húmidos com menos de 40% de matéria seca;

• Remoção mais eficaz dos agentes patogénicos;

• Emissões mínimas de odores, uma vez que 99% dos compostos voláteis são decompostos oxidativamente durante a combustão, por exemplo, o H_2S forma SO_2;

• Elevado grau de conformidade com muitas estratégias nacionais em matéria de resíduos aplicadas para reduzir a quantidade de resíduos biodegradáveis depositados em aterros;

• O chorume produzido (digerido) é um fertilizante melhorado, tanto em termos de disponibilidade para as plantas como de reologia;

• Uma fonte de energia neutra em termos de carbono é produzida sob a forma de biogás.

1.1.1. Princípios

A digestão anaeróbia consiste numa série complexa de interações metabólicas que envolvem diferentes tipos de microrganismos num ambiente sem oxigénio. É composta por 4 etapas bioquímicas principais: hidrólise, acidogénese, acetogénese e metanogénese (Figura 3.1).

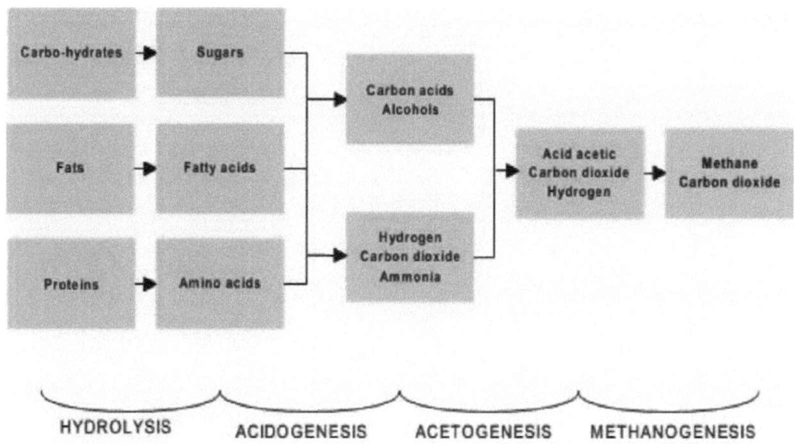

Figura 3.1. As principais etapas do processo de digestão anaeróbia (Al Seadi *et al.*, 2008)

A degradação anaeróbia da matéria orgânica é responsável pela degradação de macromoléculas e pela produção de várias moléculas. A hidrólise é a conversão dos hidratos de carbono em monómeros de açúcar solúveis (glucose, xilose, arabinose e manose). A acidogénese é a transformação dos monómeros de açúcar solúveis em ácidos gordos voláteis (AGV). Estas duas primeiras etapas correspondem à fermentação H2 no escuro, durante a qual a atividade das bactérias consumidoras de hidrogénio não é inibida. Durante a acetogénese, os AGV são transformados em acetato, CO_2 e H_2. A homoacetogénese é de particular interesse, uma vez que produz acetato a partir da mistura CO_2/H_2. Finalmente, a metanogénese é a conversão de acetato, CO_2 e H2 em biogás.

A Figura 3.2 mostra as diferentes vias bioquímicas da digestão anaeróbia e as moléculas que são produzidas durante a produção de biogás.

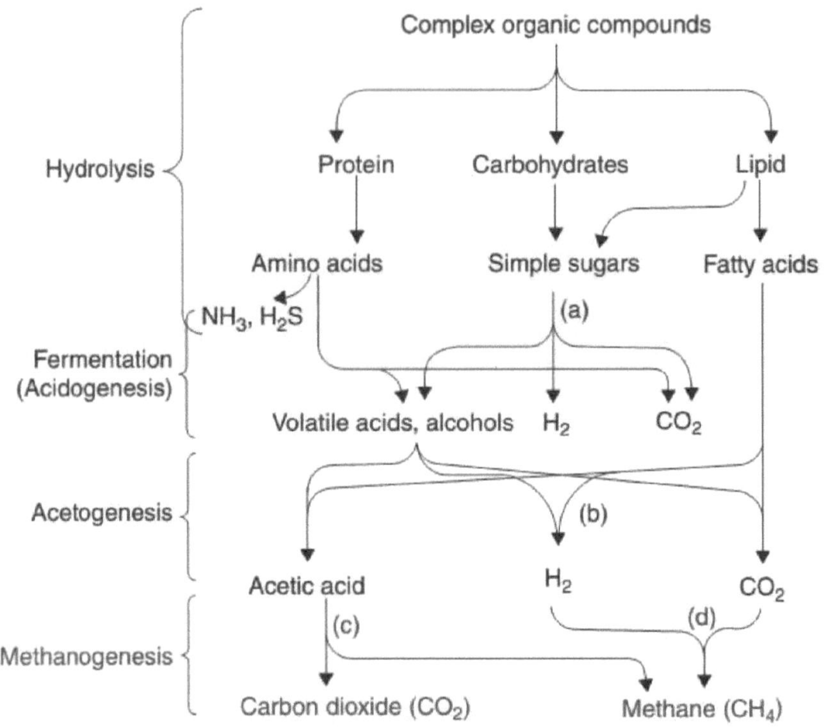

Figura 3.2. Vias bioquímicas da digestão anaeróbia (Drapcho *et al.*, 2008)

1.1.1.1. Hidrólise

Muitas das potenciais fontes de biomassa para a produção de metano são polímeros insolúveis de elevado peso molecular, como os polissacáridos, as proteínas e as gorduras, que são demasiado grandes para serem transportados através das membranas celulares bacterianas. As reacções iniciais de conversão podem exigir vários tipos diferentes de enzimas. Uma caraterística unificadora destas enzimas é que são sintetizadas dentro das células bacterianas em pequenas quantidades e são segregadas no ambiente que rodeia a bactéria até entrarem em contacto com os polímeros. Estas enzimas catalisam reacções de hidrólise que clivam os polímeros e incorporam água, produzindo assim monómeros solúveis. A taxa de hidrólise é uma função de vários factores, tais como o pH, a composição do substrato e o tamanho das partículas.

Os polissacáridos, como a celulose e a hemicelulose, são hidrolisados em glucose e xilose pelas enzimas celulase e hemicelulase ou exoenzimas (hidrolases) de bactérias anaeróbias facultativas e obrigatórias. A hidrólise dos hidratos de carbono tem lugar em poucas horas. A lignocelulose e a lignina são degradadas de forma lenta e incompleta.

As proteínas e os lípidos são hidrolisados nos seus aminoácidos constituintes e nos ácidos gordos de cadeia longa por proteases e lipases, respetivamente. A hidrólise das proteínas e dos lípidos ocorre em poucos dias. Estes compostos entram então na célula através de transporte ativo e, assim que as bactérias detectam um aumento dos produtos de degradação específicos, os genes que produzem estas enzimas são regulados positivamente para aumentar a quantidade destas enzimas que são segregadas no ambiente. Desta forma, as bactérias não gastam energia celular produzindo estas enzimas a taxas elevadas quando não são necessárias. Esta interligação entre a regulação genética e o processo de degradação microbiana é fundamental para a capacidade de dirigir reacções específicas.

1.1.1.2. Acidogénese

A segunda fase do processo global é a fermentação, que começa com a conversão dos monómeros de açúcar em piruvato ($C_3H_4O_3$), ATP e a molécula transportadora de electrões NADH por vias metabólicas centrais. As vias metabólicas centrais encontradas na maioria das bactérias são a via de Embden-Meyerhof (glicólise) e a via das pentoses fosfato.

De seguida, estas bactérias fermentativas convertem o piruvato e os aminoácidos numa variedade de ácidos orgânicos de cadeia curta - principalmente acetato, propionato, butirato e succinato - e álcoois, CO_2 e H_2 através de várias vias de fermentação. O produto específico da fermentação denota a via de fermentação; por exemplo, a via que produz etanol é referida como a via de fermentação do etanol. Durante as reacções de fermentação, o NADH é oxidado para regenerar NAD^+, enquanto os intermediários orgânicos das vias de fermentação são reduzidos. Uma vez que o processo de fermentação resulta na formação de vários ácidos orgânicos de cadeia curta, esta fase da fermentação do metano é também referida como a fase de formação de ácido ou acidogénese.

1.1.1.3. Acetogénese

Os ácidos orgânicos de cadeia curta produzidos pela fermentação e os ácidos gordos produzidos a partir da hidrólise dos lípidos são fermentados em ácido acético, H_2 e CO_2 por bactérias acetogénicas.

As bactérias sintróficas que oxidam ácidos orgânicos em acetato, H_2 e CO_2 dependem da oxidação subsequente de H2 pelo grupo seguinte, as metanogénicas, para baixar a concentração de H2 e evitar a inibição do produto final. A produção sintrófica de H2 é termodinamicamente desfavorável, exceto quando a pressão parcial de H2 é extremamente baixa. A inibição ou perturbação da metanogénese provoca uma acumulação de H_2, que inibe rapidamente a acetogénese.

A homoacetogénese é a conversão de H2 e CO_2 em ácido acético. Esta via pode ser incentivada pela recolha de biogás contendo H2 e CO_2 nesta fase, se for desejada a formação de acetato. No entanto, foram identificadas separadamente duas vias metabólicas da homoacetogénese para observar a formação de acetato durante a digestão anaeróbia:

- Redução de CO_2 (homoacetogénese litotrófica):

$$CO_2 + 2\,H_2 \rightarrow CH_3COOH \quad (Eq.\ 1)$$

- Hidrólise da glucose (homoacetogénese fermentativa):

$$C_6H_{12}O_6 + 2\,H_2O \rightarrow 2\,CH_3COOH + 2CO_2 + 4H_2 \ (Eq.\ 2)$$
$$C_6H_{12}O_6 \rightarrow 3\,CH_3COOH \quad (Eq.\ 3)$$

1.1.1.4. Metanogénese

Na fase final, o metano é produzido através de duas vias distintas por dois grupos microbianos diferentes. Uma via é a ação dos metanogénios litotróficos oxidantes de H_2 que utilizam o H2 como dador de electrões e reduzem o CO_2 para produzir metano (Eq. 3). Na segunda via, os metanogénios organotróficos acetoclásticos fermentam o ácido acético em metano e dióxido de carbono (Eq. 4). Aproximadamente dois terços do metano produzido provêm dos metanogénios acetoclásticos.

A conversão completa de um hidrato de carbono, como a glucose, em metano na digestão anaeróbia resulta numa recuperação de energia de 85 a 90 por cento. Os metanogénios ocupam uma posição única no processo global do metano, na medida em que utilizam acetato, removendo assim uma fonte significativa de acidez, e consomem H2, o que permite o crescimento contínuo das bactérias sintróficas que convertem propionato e butirato em acetato. Se a atividade das bactérias sintróficas for impedida, acumular-se-ão ácidos orgânicos de cadeia curta, com a consequente diminuição do pH, o que cria um ambiente desfavorável para as arqueias metanogénicas. Nesta altura, a fermentação global cessa essencialmente.

$$4H_2 + CO_2 \rightarrow CH_4 + 2H_2O \quad \text{(Eq. 3)}$$

$$*CH_3°COOH \rightarrow *CH_4 + °CO_2 \quad \text{(Eq. 4)}$$

1.1.2. Físico-química da digestão anaeróbia

O processo de digestão anaeróbia é influenciado por muitos parâmetros, tais como: temperatura, pH, relação C/N, teor de matéria seca, potencial redox, relação C:N:P:S e oligoelementos. Estes factores influenciam direta ou indiretamente o crescimento microbiano e, consequentemente, a produção de biogás. O Quadro 3.1 apresenta estas condições óptimas para regular especificamente o processo de AD.

Tabela 3.1. Parâmetros do processo de digestão anaeróbia

Parâmetro	Hidrólise/Acidogénese	Metanogénese
Temperatura	25-35°C	Mesófilo : 32-42°C Termofílico : 50-58°C
pH	5.2-6.3	6.7-7.5
Rácio C : N	10-45	20-30
Conteúdo da DM	< 40% DM	< 30% DM
Potencial redox	+400 a -300 mV	< -250 mV

| Rácio C:N:P:S | 500:15:5:3 | 600:15:5:3 |
| Oligoelementos | Sem requisitos especiais | Ni, Co, Mo, Se |

(Deublein & Steinhauser, 2011)

No entanto, o desempenho da digestão anaeróbia depende do substrato e das condições ambientais que se concentram no biodigestor.

1.1.2.1. Substrato

Em geral, todos os tipos de biomassa podem ser utilizados como substratos, desde que contenham hidratos de carbono, proteínas, gorduras, celulose e hemicelulose como componentes principais. A origem e a qualidade do substrato são fundamentais para experimentar a digestão anaeróbia. A Figura 3.3 apresenta os substratos elegíveis para a AD. No entanto, é importante ter em consideração alguns critérios:

- O teor de substâncias orgânicas ;

- O valor nutritivo da substância orgânica ;

- A aptidão para a biodegradação;

- Propriedades dos compostos lignocelulósicos ;

- A composição em micro e macronutrientes ;

- O teor de água e a capacidade de absorção de água ;

- As propriedades físico-químicas da estrutura (porosidade, grupos funcionais)

No entanto, os substratos lignocelulósicos são muito recalcitrantes para a biodegradação. Estes tipos de biomassa não são fermentáveis numa central de biogás sem um pré-tratamento especial. Está demonstrado que o teor de lenhina desempenha um papel importante na produção de metano, limitando o acesso às holoceluloses (Monlau *et al.*, 2013).

Além disso, Buffiere et al. (2006) mostraram uma ligação entre o potencial de biogás e metano de vários resíduos lignocelulósicos e a soma dos seus teores de celulose e lignina: quanto maior a soma de celulose e lignina, menor o potencial de metano.

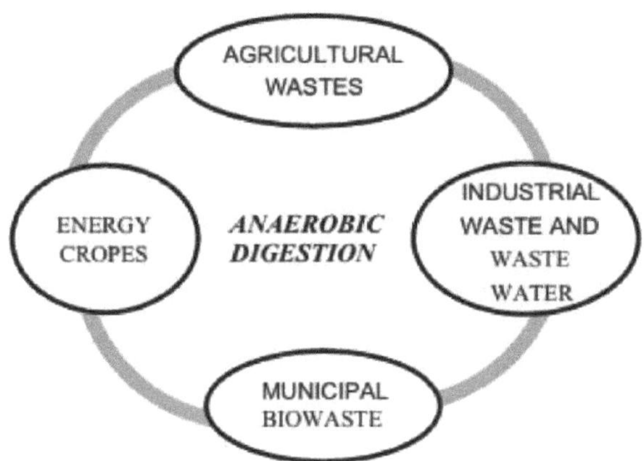

Figura 3.3. Origem dos substratos elegíveis para digestão anaeróbia

(Kothari *et al.*, 2014)

1.1.2.2. Condições ambientais

(i) Temperatura

A estabilidade da temperatura é decisiva para a digestão anaeróbia. Este fator influencia diretamente as reacções cinéticas da produção de biogás. Por conseguinte, o processo de AD pode ter lugar a diferentes temperaturas, divididas em 3 gamas de temperatura: psicrófila (inferior a 25°C), mesófila (25-45°C) e termofílica (45-70°C). A Figura 3.4 mostra o crescimento microbiano, especialmente de metanogénios, em temperaturas óptimas durante a digestão anaeróbia.

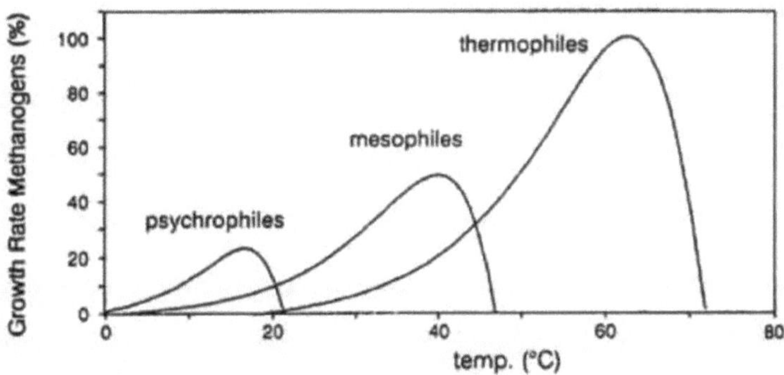

Figura 3.4. Temperaturas óptimas para a digestão anaeróbia

55

(ii) pH

O valor do pH é a medida da acidez/alcalinidade. O valor do pH do substrato de AD influencia o crescimento dos microrganismos metanogénicos e afecta a dissociação de alguns compostos (amoníaco, sulfureto, ácidos orgânicos). A experiência mostra que a formação de metano tem lugar dentro de um intervalo de pH relativamente estreito, de cerca de 5,5 a 8,5, com um intervalo ótimo entre 6,5-7,5 para a maioria dos metanogénios. Os microrganismos acidogénicos têm geralmente um valor inferior de pH ótimo.

Para a digestão mesofílica, o intervalo ótimo de pH é de 6,5-8,0. No entanto, o processo é gravemente inibido se o pH descer abaixo de 6,0 ou subir acima de 8,3. Pode também ser influenciado pela temperatura e pelos produtos da reação química. Nos digestores termofílicos, é mais elevado do que nos mesofílicos. O valor do pH pode ser aumentado pelo amoníaco, produzido durante a degradação das proteínas ou pela presença de amoníaco, enquanto a acumulação de AGV diminui o valor do pH. No entanto, concentrações de bicarbonato entre 2.500 e 5.000 mg.L^{-1} neutralizam a acidez do meio durante a produção de metano.

(iii) Potencial redox

Os processos microbianos têm de ser realizados de acordo com as reacções de oxido-redução. Os microrganismos transportam a sua energia a partir deste tipo de reacções (energia química) para assegurar o crescimento e a vida. Em cultura pura, os metanogénios necessitam de um potencial redox baixo (-300 a -330 mV). No entanto, os valores do potencial redox tornam-se demasiado elevados (-50 a 0 mV) devido às substâncias oxidantes que são produzidas (nitritos, nitratos e oxigénio) durante a metanação.

(iv) Inibidores

Os microelementos (oligoelementos) como o ferro, o níquel, o cobalto, o selénio, o molibdénio ou o tungsténio são tão importantes para o crescimento e a sobrevivência dos microrganismos da AD como os macronutrientes carbono, azoto, fósforo e enxofre.

A proporção ideal dos macronutrientes carbono, azoto, fósforo e enxofre (C:N:P:S) é considerada 600:15:5:1.

Um fornecimento insuficiente de nutrientes e oligoelementos, bem como uma digestibilidade demasiado elevada do substrato, podem causar inibição e perturbações no processo de AD. Contudo, alguns produtos químicos influenciam muito a atividade dos microrganismos anaeróbios e são frequentemente considerados como compostos tóxicos para o processo de AD. Estes podem ser introduzidos no sistema juntamente com a matéria-prima ou são gerados durante o processo de fermentação.

O Magnésio (Mg^{2+}), o Potássio (K^+), o Cálcio (Ca^{2+}) e o Sódio (Na^+) são os principais iões que causam uma importante inibição no biodigestor. A sua concentração é a principal causa de toxicidade para a atividade microbiana e é responsável pela redução de algumas consequências, tais como: redução do tempo de digestão, redução da produção de metano A Tabela 3.2 mostra a concentração tóxica destes iões para o processo de digestão anaeróbia.

Tabela 3.2. Concentração de inibidores na digestão anaeróbia

Iões .	Concentração (g.L-1)		
	Estimulante	baixa inibição	elevada inibição
Mg^{2+}	75-150	1000-1500	3000
K^+	200-400	2500-4500	12000
Ca^{2+}	100-200	2500-4500	8000
Na^+	100-200	3500-5500	8000

(Bollon, 2012)

3.3. Biogás

3.3.1.Composição e propriedades

O biogás é uma mistura de gases produzida pela decomposição natural de materiais orgânicos em condições anaeróbicas.

O metano e o dióxido de carbono são os principais constituintes do biogás, cuja composição depende de vários parâmetros (Quadro 3.3). Na natureza, o metano forma-se como gás de pântano, no aparelho digestivo dos ruminantes, em plantas de compostagem húmida e em campos de arroz inundados.

Tabela 3.3. Composição química do biogás

Molécula	Fórmulas	Composição
Metano	CH_4	50 - 80
Dióxido de carbono	CO_2	30 - 50
Vapor de água	$H_2O_{(V)}$	1 - 5
Nitrogénio	N_2	0 - 5
Sulfureto de hidrogénio	H_2S	0 - 3
Hidrogénio	H_2	0 - 2
Oxigénio	O_2	0 - 1
Monóxido de carbono	CO	0 - 0,1

(Deublein & Steinhauser, 2011)

No entanto, o biogás tem algumas propriedades específicas que o caracterizam. A Tabela 3.4 apresenta as principais propriedades do biogás.

Quadro 3.4. Caraterísticas do biogás

Conteúdo energético	6 kWh.Nm^3
Equivalente de combustível	0,65 l.Nm^3 biogás
Limites de explosão	6-12 % no ar
Temperatura de ignição	650-750 °C
Pressão crítica	75-89 bar

Temperatura crítica	- 82,5 °C
Densidade normal	1,2 kg.Nm^3
Massa molar	16,043 kg.kmol^{-1}
Cheiro	Ovos estragados

(Deublein & Steinhauser, 2011)

3.3.2. Tipos de biogás

O biogás é constituído principalmente por metano e dióxido de carbono, mas também contém várias impurezas. Muitos compostos tóxicos contidos no biogás têm um efeito importante no sistema global e são responsáveis por riscos perigosos para a vida humana. É por esta razão que as instalações de biogás devem ser seriamente protegidas.

O quadro 3.5 mostra alguns efeitos importantes destas impurezas no biogás. O biogás contém muitos gases tóxicos, tais como CO_2, H_2S, S_2 e siloxanos.

Tabela 3.5. Efeitos das impurezas no biogás

Componente	Conteúdo	Efeitos
		• Diminui o valor calorífico
		• Aumenta o número de metano e as propriedades antidetonantes dos motores
CO_2	25-50 %	• Provoca corrosão se o gás estiver húmido
		• Células de combustível alcalinas de dano
		• Efeito corrosivo em equipamentos e sistemas de tubagem
H_2S	0-0.5 %	• Emissões de SO_2 após queimadores ou emissões de H_2S após combustão imperfeita
NH_3	0-0.05 %	• Catalisadores de despojos
		• Emissões de NOx após os queimadores

danificarem as células de combustível

• Aumenta as propriedades antidetonantes dos motores

• Provoca a corrosão do equipamento e dos sistemas de tubagem

Vapor de água	1-5 %	• Os condensados danificam instrumentos e instalações
		• Risco de congelamento dos sistemas de tubagem e dos bicos
Poeira	> 5 µm	- Bloqueia bocais e células de combustível
		- Diminui o poder calorífico
N_2	0-5 %	- Aumenta as propriedades antidetonantes dos motores
Siloxanos	0-50 mg.m 3^-	- Actua como um abrasivo e danifica os motores

(Deublein & Steinhauser, 2011)

Por outro lado, existem vários tipos de biogás que dependem da fonte e da natureza dos substratos. A produção de metano é proporcional à composição química do substrato. Tabela 3.6.

Tabela 3.6. Rendimento em metano das macromoléculas

Molécula (t)	Fórmulas	Produção de metano (Nm$)^3$
Açúcares	$C\,H\,O_{6126}$	373
Proteínas	$C\,H_{57}\,NO_2$	493
Gorduras e	$C\,H\,O_{571046}$	1014

Dependendo da fonte de substratos, a composição química e as propriedades físico-químicas do biogás podem mudar. No entanto, distinguem-se três tipos de biogás: gás de esgoto, gás agrícola e gás de aterro. O Quadro 3.7 apresenta as suas caraterísticas comparativas.

Quadro 3.7. Caraterísticas dos diferentes tipos de biogás

Componentes / Caraterísticas	Unidades	Biogás de esgoto	Biogás agrícola	Biogás de aterro
CH_4	% v/v	65-75	45-75	45-55
CO_2	% v/v	20-35	25-55	25-30
CO	% v/v	< 0.2	< 0.2	< 0.2
N_2	% v/v	3.4	0.01-5.00	10-25
O_2	% v/v	0.5	0.01-2.00	1-5
H_2	% v/v	Traços	0.5	0.00
H2S	-3 mg.m^{-3}	< 8,000	10-30,000	< 8,000
NH_3	-3 mg.m^{-3}	Traços	0.01-2.50	Traços
Siloxanos	-3 mg.m^{-3}	< 0.1-5.0	Traços	< 0.1-5.0
CFC	-3 mg.m^{-3}	20	1,000	n.d.
Calorífico líquido	kWh.Nm⁻	6.0-7.5	5.0-7.5	4.5-5.5
Densidade normal	kg.Nm^{-3}	1.16	1.16	1.27
Índice de Wobbe	kWh.Nm⁻	7.3	n.d.	n.d.
Relativo	%	100	100	< 100
Ponto de orvalho	°C	35	35	0-25
Temperatura	°C	35-(60)	35-(60)	0-25

(Deublein & Steinhauser, 2011)

O índice de Wobbe (W) é um valor caraterístico para descrever a qualidade dos gases de metano. Em correlação com o valor calorífico, distinguem-se os índices de Wobbe bruto e líquido, $WO_{,N}$ e os valores caloríficos ($HO_{,N}$) e a densidade relativa ρ^* (ar = 1):

$$W_{O,N} = \frac{H_{O,N}}{\sqrt{\rho}}$$

3.4. Otimização do processo

3.4.1. Conceção do reator

No sistema AD, são geralmente utilizados reactores descontínuos e contínuos, mas é necessário definir uma conceção óptima para a produção de biogás e metano. Por exemplo, o processo de fase única é o modelo tradicional e clássico em instalações-piloto. Nesta conceção, os digestores são utilizados em batelada e todas as fases processam a biomassa durante a biodegradação.

Foi desenvolvido um processo de várias etapas baseado na separação de fases no reator. Trata-se de uma forma inovadora de melhorar o rendimento do biogás e do metano. Como sabemos, nos processos de fase única é utilizado apenas um reator para os processos de hidrólise/liquefação-acetogénese e metanogénese, mas os processos de fase múltipla utilizam reactores separados para as diferentes fases da AD para melhorar o processo de digestão. O conceito subjacente aos sistemas de várias fases consiste em separar as diferentes fases do processo de AD, de modo a que possam ser aplicadas condições óptimas em cada uma delas e a taxa global possa ser aumentada. Nesta configuração, a hidrólise e a acidogénese são realizadas num reator de primeira fase e a acidogénese e a metanogénese num reator de segunda fase. A Figura 3.5 mostra um sistema de biodigestor de dois estágios usado em geral.

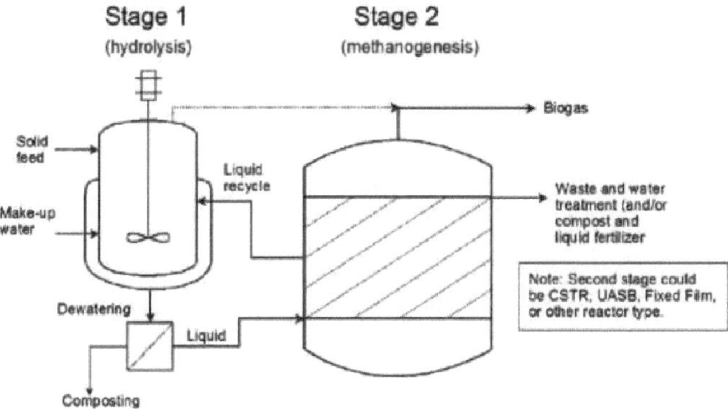

Figura 3.5. Sistema de biodigestor de dois estágios

É importante notar que a conceção do reator depende do tipo de substrato e do objetivo do processo. No caso da biomassa lignocelulósica, como o bagaço de cana-de-açúcar, o desempenho do digestor de duas fases estará correlacionado com alguns parâmetros-chave ligados ao substrato, tais como: teor de água e capacidade de absorção de água (Kalyuzhnyi *et al.*, 2000; Nkemka & Murto, 2013).

3.4.2. Inoculação

A inoculação é um parâmetro-chave que pode permitir a otimização da produção de biogás. A escolha do seu valor é crítica para a regulação do processo e para a fase de desfasamento no biodigestor anaeróbio. Para a digestão anaeróbia de biomassa lignocelulósica, a eficiência da mistura é reduzida, limitando o contacto entre o substrato e os microrganismos. Esta é a razão pela qual o inóculo precisa de ter um bom desempenho para aumentar a produção de biogás e o rendimento de metano. Por exemplo, a relação C/N óptima num digestor de estado sólido é de 25-30:1 (Mata-Alvarez *et al.*, 2000). E este valor deve ser mantido pela codigestão da matéria-prima. No caso de uma inoculação elevada (rácio superior a 4), Cui et al. (2011) demonstraram que o processo de biogás é ineficiente. Por conseguinte, o processo AD necessita de uma inoculação muito baixa (inferior a 2), o que será responsável por um longo tempo de retenção (> 300 dias). Mas este rácio não é aplicável à escala industrial (Abbassi-Guendouz *et al.*, 2013).

No entanto, a atividade dos metanogénios depende também da fonte de inóculo, que influencia a composição química e a cinética de hidrólise do substrato. É por esta razão que é também crucial selecionar o tipo de inóculo. De facto, certos inóculos apresentam uma fraca proporção de metanogénios (< 5%). E este baixo teor de fermento poderia explicar as perturbações nas fases de hidrólise e metanogénese durante a etapa inicial nos digestores secos (Vavilin *et al.*, 2008). Assim, um inóculo com baixa concentração de metanogénios será ineficiente e poderá ser responsável pela fase limite na cinética de hidrólise da digestão anaeróbia (Forster-Carneiro *et al.*, 2007).

3.4.3. Temperatura

A digestão anaeróbia pode ter lugar a temperaturas psicrófilas inferiores a 20°C, mas a maioria dos reactores funciona a temperaturas mesófilas ou termófilas, com valores óptimos a 35°C e 55°C, respetivamente (Bouallagui *et al.*, 2003). Mesmo pequenas mudanças de temperatura, de 35°C para 30°C e de 30°C para 32°C, demonstraram reduzir a taxa de produção de biogás (Chae *et al.*, 2008). Também foi demonstrado que a produção líquida de energia dos digestores termofílicos de 18 l era 427 kJ/dia mais elevada do que a produzida pelos digestores termofílicos (Fezzani e Ben Cheikh, 2007; Gannoun *et al.*, 2007). No entanto, há também provas de que os digestores de temperatura mesofílica têm melhores taxas de degradação quando comparados com os digestores termofílicos (Parawira *et al.*, 2007).

Deve também ser lembrado que um aumento do rendimento ou da taxa de produção de metano num processo termofílico tem de ser contrabalançado com o aumento da necessidade de energia para manter o reator a uma temperatura mais elevada. Esta não é uma consideração importante quando o biogás produzido é utilizado para a produção de eletricidade, uma vez que o aquecimento do reator é conseguido através do encaminhamento do calor residual dos motores a gás para permutadores de calor no interior do reator, e os motores produzem geralmente mais calor do que o necessário para o reator. O calor excedente poderia teoricamente ser vendido a casas ou empresas locais, mas os custos e as dificuldades práticas envolvidas tornam esta prática rara. O calor excedente é, portanto, geralmente desperdiçado.

A Tabela 3.8 mostra as várias diferenças entre digestores mesófilos e termófilos.

Tabela 3.8. Comparação dos digestores mesófilos e termófilos

	Digestor mesófilo	Digestor termófilo
Vantagens	Baixo consumo de energia	Baixa estabilidade após redução do pH
	Baixa produção de amoníaco	Hidrólise acelerada
	Elevada quantidade de intrusos	Digestão rápida (tempo de retenção reduzido)
	Elevada estabilidade dos reactores	Elevada biodegradação
		Elevada produção de biogás
		Elevada higienização
		Passo inicial favorável
Desvantagens	Higienização limitada	Tecnologia dispendiosa
	Baixo rendimento de biodegradação	Elevada acumulação de ácidos orgânicos
	Baixa digestão (longo tempo de retenção)	Inibição do crescimento microbiano
		Pouca quantidade de intrusos

(Bollon, 2012)

3.4.4. Agitação

Para além da conceção básica do reator, o conteúdo da maioria dos digestores anaeróbios é misturado para garantir uma transferência eficiente de material orgânico para a biomassa microbiana ativa, para libertar bolhas de gás retidas no meio e para evitar a sedimentação de material particulado mais denso.

A mistura nem sempre ocorre de forma contínua; é frequentemente intermitente e pode estar ativa várias vezes por dia ou várias vezes por hora, com consumos de energia de

10 a 100 Wh.m^{-3} , o que é determinado pelo tipo de reator, o tipo de agitador utilizado e o valor total de sólidos da matéria-prima (Burton e Turner, 2003). São utilizados diferentes sistemas de mistura, como se mostra na figura 3.6. Para misturar o material no interior do reator, podem ser utilizadas hélices se a matéria-prima tiver uma viscosidade adequadamente baixa (Karim *et al.*, 2005).

Os sistemas de mistura não só afectam o processo de digestão como são frequentemente dispendiosos de instalar, manter e operar. Portanto, um sistema de mistura eficiente será benéfico em termos de produtividade e custo. É necessário um certo grau de mistura para apresentar o substrato às bactérias, mas uma mistura excessiva pode reduzir a produção de biogás. Foi demonstrado que as condições de mistura a baixa velocidade permitem que um digestor absorva melhor a perturbação da carga de choque do que as condições de mistura a alta velocidade (Gomez *et al.*, 2006), e que a redução do nível de mistura melhora o desempenho e pode também estabilizar um digestor instável de mistura contínua (Stroot *et al.*, 2001). Alguns reactores à escala piloto utilizaram um parafuso num tubo central para dar movimento descendente. Para evitar a necessidade de peças móveis no interior do reator, pode ser utilizada a recirculação do biogás através do fundo do reator ou a mistura hidráulica por recirculação do digerido com uma bomba para obter uma mistura adequada.

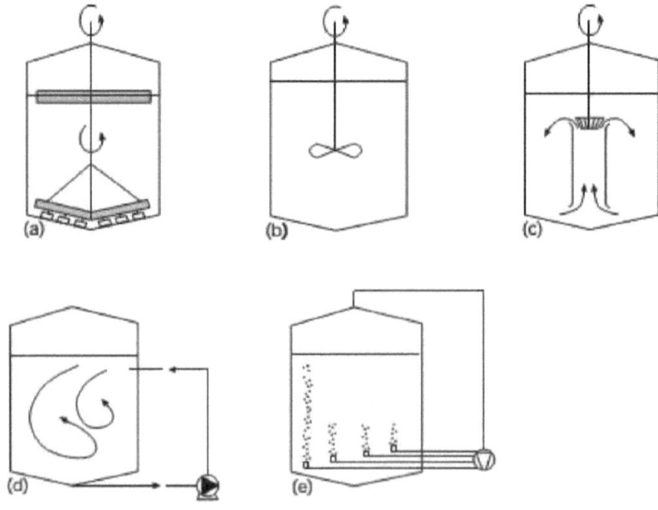

Figura 3.6. Sistemas de mistura em digestores anaeróbios

3.4.5. Pré-tratamento

O pré-tratamento das matérias-primas pode aumentar a biodegradação e melhorar a produção de biogás (Taherzadeh & Karimi, 2008). Mas no caso da biomassa lenhinocelulósica, o pré-tratamento é altamente recomendado para o processo, devido à recalcitrância das hemiceluloses, da celulose e da lenhina. Por conseguinte, a escolha do pré-tratamento dependerá da composição lignocelulósica da biomassa e das necessidades energéticas.

Diferentes tipos de pré-tratamento foram explorados na Parte II. Foi demonstrado que o pré-tratamento pode decompor a lignocelulose física, térmica, química e biologicamente (Monlau *et al.*, 2013).

Os aditivos podem aumentar a taxa de produção de um reator ou aumentar a velocidade de arranque, mas o seu custo adicional deve ser sempre equilibrado com as melhorias de eficiência resultantes.

3.4.5.1. Pré-tratamento mecânico

O pré-tratamento mecânico, em particular a trituração, tem sido utilizado para melhorar a digestão anaeróbia. Foi investigada a influência da redução da dimensão das partículas em diferentes tipos de resíduos sólidos orgânicos.

Observou-se que esta redução do tamanho do substrato levou a um aumento da produção de metano ($\approx$20%) e a uma redução do tempo de digestão ($\approx$20%). A produção de metano foi melhorada com a diminuição do tamanho das partículas de 100 mm para 2 mm (Mshandete *et al.*, 2006). O potencial de biogás foi aumentado em 20% com um tamanho de fibra de 0,35 mm, mas não foi encontrada nenhuma diferença significativa com tamanhos de fibra de 5-20 mm (Angelidaki e Ahring, 2000).

3.4.5.2. Pré-tratamento térmico

Muitos tipos de pré-tratamento térmico têm sido utilizados para aumentar a produção de metano. Entre eles, a explosão a vapor tem sido um dos mais amplamente investigados. Porque remove a lenhina e melhora a acessibilidade das holoceluloses

(Kobayashi et al., 2004).

A hidrotermólise é um dos pré-tratamentos térmicos que raramente é explorado no melhoramento do biogás. Foi investigado para melhorar a produção de biogás do bagaço de cana-de-açúcar. Quando o tratamento hidrotérmico foi aplicado a 170°C durante 2 h ao bagaço de cana-de-açúcar, a produção de biogás aumentou em 17% (Simo *et al.*, 2016). É também importante notar que este tratamento severo afecta consideravelmente as hemiceluloses, mas a celulose e a lenhina não se alteram. Este aumento poderia ser melhorado através da combinação de vários aditivos, tais como: álcalis e/ou enzimas. Esta é a razão pela qual o pré-tratamento térmico deve ser explorado de forma optimizada para reduzir as necessidades energéticas em termos de temperatura e tempo de reação para melhorar a produção de biogás e o rendimento de metano.

3.4.5.3. Pré-tratamento químico

O pré-tratamento químico também tem sido estudado com o objetivo de aumentar a produção de metano. Os tipos de pré-tratamento alcalino que deslenhificam os substratos lenhinocelulósicos e favorecem assim a sua degradação por microrganismos anaeróbios têm sido amplamente estudados para o aumento de toda a produção de metano.

A aplicação de um pré-tratamento com NaOH a fibras de coco e palha de milho levou a grandes aumentos na produção de metano de 50% e 89%, respetivamente (Kivaisi e Eliapenda, 1994; Zheng et al., 2009). O pré-tratamento com NaOH do bagaço de cana-de-açúcar foi investigado e demonstrou que a produção de metano duplicou, chegando a 100% de aumento (Kumari & Das, 2015). Isto explica que o hidróxido de sódio é o melhor álcali para o pré-tratamento químico da biomassa lignocelulósica. É responsável pela deslenhificação parcial e/ou completa; e pelo melhor aumento da produção de biogás e do rendimento de metano. Por outro lado, o peróxido e o hidróxido de cálcio têm sido explorados no pré-tratamento do bagaço de cana-de-açúcar para melhorar a produção de metano. E Rabelo et al. (2011) descobriram que o rendimento de metano tinha sido aumentado para 27% e 26,5%, após o pré-tratamento com peróxido e hidróxido de cálcio, respetivamente.

3.4.5.4. Pré-tratamento biológico

Finalmente, a produção de metano pode ser melhorada através da utilização de pré-tratamento biológico envolvendo microrganismos (por exemplo, fungos de podridão castanha, branca e mole) ou enzimas (celulases, xilanases, lenhina peroxidase, manganês peroxidase (Lehtomaki *et al.*, 2004).

Ghosh et al. (1999) estudaram o efeito de fungos de podridão branca e de podridão castanha na palha de arroz. Foram observados aumentos de metano de 32% e 46%, respetivamente, na palha de arroz pré-tratada com fungos de podridão castanha e branca, em comparação com a palha não tratada. Alguns estudos foram investigados no bagaço de cana-de-açúcar para determinar o impacto do tratamento biológico na produção de biogás. Abddur et al. (2016) exploraram o efeito das bactérias celulolíticas e descobriram que a produção de biogás foi melhorada de 3,45 para 66,21 N.m^3 e de 3,85 para 61,59 N.m^3 após a digestão anaeróbica do bagaço de cana-de-açúcar.

A desvantagem deste tratamento é o tempo de cinética de hidrólise, o tempo de digestão e a eficiência das enzimas celulolíticas dos microrganismos. Podem também surgir alguns ataques microbianos competitivos face à biomassa lignocelulósica, o que poderia explicar a produção de alguns inibidores durante a digestão anaeróbia. No entanto, alguns estudos tendem a otimizar a conversão enzimática ou o pré-tratamento combinado (enzima + produtos químicos) para aumentar a produção de metano.

3.5. Conclusão

O processo de biogás é uma tecnologia sustentável que depende do substrato. No entanto, o objetivo da utilização posterior desta energia renovável depende da sua composição e da recuperação de energia ao longo de todo o processo. A comunidade microbiana tem de ser selecionada para inoculação devido à complexidade geral de um substrato específico, como a biomassa lignocelulósica. No entanto, o desempenho do inóculo depende de alguns parâmetros, tais como: tempo de amostragem, local da amostra no biodigestor, tempo de digestão, tipos de substratos a inocular e microrganismos presentes no inóculo. Algumas pesquisas exploram a possibilidade de sintetizar enzimas para otimizar a degradação da biomassa lignocelulósica. A sua recalcitrância e a presença de lenhina são a principal razão que obriga à criação de uma tecnologia de pré-tratamento para melhorar a digestão anaeróbia. Por exemplo, são utilizados tratamentos clássicos, mas nos últimos anos têm sido exploradas estratégias inovadoras em termos de recuperação de energia e redução de bio-resíduos.

3.6. Referências

1.　Ward A.J., Hobbs P.J., Holliman P.J., Jones D.L. (2008). Otimização da digestão anaeróbia de recursos agrícolas: A Review. *Bioresource Technology*, 99: 7928-7940.

2.　Al Seadi T., Rutz D., Prassi H., Kottner M., Finsterwalder T., Volk S., Jannssen R. (2008). *Biogas Handbook*. Universidade do Sul da Dinamarca Esbjerg, Niels Bohrs Vej 9-10, DK-6700 Esbjerg, Dinamarca, ISBN 97887-992962-0-0, pp 126.

3.　Drapcho M.C., Nhuan N.P., Walker T.H. (2008). *Engenharia de biocombustíveis: Process Technology*. Edições McGraw-Hill, ISBN 0-07-150992-5.

4.　Monlau F., Barakat A., Trably E., Dumas C., Steyer J.P., Carrère H. (2013). Materiais lignocelulósicos em biohidrogénio e biometano: Impacto das caraterísticas estruturais e do pré-tratamento. *Critical Reviews in Environmental Science and Technology*, 43: 260-322.

5.　Buffière P., Loisel D., Delgenes B., Delgenes J.P. (2006).Towards new indicators for the prediction of solid waste anaerobic digestion properties. *Ciência e Tecnologia da Água*, 53: 233-41.

6.　Kothari R., Pandey A.K., Kumar S., Tyagi V.V., Tyagi K.S. (2014). Diferentes aspectos da digestão anaeróbia seca para bioenergia: Uma visão geral. *Revisões de Energia Renovável e Sustentável*, 39: 174-195.

7.　Deublein D. & Steinhauser A. (2011). *Biogás a partir de resíduos e recursos renováveis: An Introduction*. WILEY-VCH Verlag GmbH & Co. KGaA, ISBN 978-3-527-31841-4.

8.　Bollon J. (2012). *Etude des mécanismes physiques et de leur influence sur la cinétique de méthanisation en voie sèche : essais expérimentaux et modélisation*. Tese de Doutoramento. Instituto Nacional de Ciências Aplicadas de Lyon, França.

9. Nkemka V.N. e Murto M. (2013). Digestão anaeróbia seca em duas fases de mexilhão azul e cana. *Renewable Energy*, 50 (3): 59-64.

10. Kalyuzhnyi S., Veeken A., Hamelers B. (2000). Modelo de duas partículas de fermentação anaeróbia em estado sólido. *Ciência e Tecnologia da Água*, 41(3): 4350.

11. Burton C.H. e Turner C. (2003). *Estratégias de tratamento da gestão do estrume para uma agricultura sustentável*. Segunda edição do Siloe Research Institute.

12. Karim K., Hoffmann R., Klasson K.T., Al-Dahhan M.H. (2005). Digestão anaeróbia de resíduos animais: efeito do modo de mistura. *Water Research*, 39: 3597-3606.

13. Gomez X., Cuetos M.J., Cara J., Moran A., Garcia A.I. (2006). Co-digestão anaeróbia de lamas primárias e da fração de frutas e legumes dos resíduos sólidos urbanos - condições de mistura e avaliação da taxa de carga orgânica. *Energias Renováveis,* 31: 20172024.

1 4.Stroot P.G., McMahon K.D., Mackie R.I., Raskin L. (2001). Anaerobic codigestion of municipal solid waste and biosolids under various mixing conditions - I. Digester performance. *Water Research*, 35: 1804-1816.

15 . Boullagui H., Ben Cheikh R., Marouani L., Hamdi M. (2003). Produção de biogás mesofílico a partir de resíduos de frutas e legumes num digestor tubular. *Bioresource Technology*, 86: 85-89.

16 Chae K.J., Jang A., Yim S.K., Kim I.S. (2008). Os efeitos da temperatura de digestão e do choque de temperatura nos rendimentos de biogás da digestão anaeróbia mesofílica de dejectos de suínos. *Bioresource Technology*, 99: 1-6.

17 . Fezzani B. e Ben Cheikh R. (2007). Codigestão anaeróbia termofílica de águas residuais de lagares de azeite com resíduos sólidos de lagares de azeite num digestor tubular. *Chemical Engineering Journal*, 132: 195-203.

18   Ganoun H., Ben Othman N., Bouallagui H., Moktar H. (2007). Co-digestão anaeróbia mesofílica e termofílica de águas residuais de lagares de azeite e de matadouros num filtro anaeróbio de fluxo ascendente. *Industrial & Engineering Chemistry Research*, 46: 6737-6743.

19   . Parawira W., Murto M., Read J.S., Mattiasson B. (2007). Um estudo da digestão anaeróbia em duas fases de resíduos sólidos de batata utilizando reactores em condições mesofílicas e termofílicas. *Tecnologia Ambiental*, 28: 1205-1216.

20   Mata-Alvarez J., Macé S., Llabrés P. (2000). Digestão anaeróbia de resíduos sólidos orgânicos. An overview of research achievements and perspectives. *Bioresource Technology*, 74: 3-16.

21   Cui Z., Shi J., Li Y. (2011). Digestão anaeróbia em estado sólido de palha de trigo usada de estábulos de cavalos. *Bioresource Technology*, 102: 9432-9437.

22   . Abbassi-Guendouz A., Traby E., Hamelin J., Dumas C., Steyer J.P., Delgenes J.P., Escudie R. (2013). Assinatura da comunidade microbiana de ecossistemas metanogénicos de alto teor de sólidos. *Bioresource Technology*, 133: 256-262.

23   Vavilin V., Fernandez B., Palatsi J., Flotats X. (2008). Cinética de hidrólise na degradação anaeróbia de material orgânico particulado: uma visão geral. *Gestão de Resíduos*, 28 (9): 39-51.

24   . Forter-Carneiro T., Perez M., Romero L.I., Sales D. (2007). Digestão anaeróbia termofílica a seco da fração orgânica dos resíduos sólidos urbanos: enfoque nas fontes de inóculo. *Bioresource Technology*, 98: 3195-3203.

25   . Taherzadeh M.J. e Karimi K. (2008). Pré-tratamento de resíduos lignocelulósicos para melhorar a produção de etanol e biogás: A review. *Jornal Internacional de Ciências Moleculares*, 9: 1621-1651.

26   . Mshandete A., Bjornsson L., Kivaisi A.K., Rubindamayugi M.S.T., Mattiasson B. (2006). Effect of particle size on biogas yield from sisal fibre waste (Efeito da dimensão das partículas na produção de biogás a partir de resíduos de fibra de sisal). *Renewable Energy,* 31: 2385-2392.

27   Angelidaki I., Ahring B.K. (2000). Métodos para aumentar o potencial de biogás a partir da matéria orgânica recalcitrante contida no estrume. *Ciência e Tecnologia da Água*, 41: 189-194.

28   . Kobayashi F., Take H., Asada C., Nakamura Y. (2004). Produção de metano a partir de bambu expelido por vapor. *Journal of Bioscience and Bioengineering*, 97: 426-428.

29   Kiviasi A.K., Eliapenda S. (1994). Pré-tratamento do bagaço e das fibras de coco para melhorar a degradação anaeróbica pelos microrganismos do rúmen. *Renewable Energy*, 5: 791-795.

30   Zheng M.X., Li X.J., Li L.Q., Yang X.J., He Y.F. (2009). Melhoria da biogasificação anaeróbia de palha de milho através do pré-tratamento com NaOH em estado húmido. *Bioresource Technology*, 100: 5140-5145.

31   Kumari S., Das D. (2015). Melhoria da recuperação de energia gasosa do bagaço de cana-de-açúcar por fermentação escura seguida de processo de biometanação. *Bioresource Technology*, 194: 354-363.

32   Rabelo S.C., Carrère H., Filho M.R., Costa A.C. (2011). Produção de bioetanol, metano e calor a partir do bagaço de cana-de-açúcar num conceito de biorrefinaria. *Bioresource Technology*, 102: 7887-7895.

33   . Lehtomaki A., Viinikainen T., Ronkainen O., Alen R., Rintala J. (2004).*Effects of pre-treatments on methane production potential of energy crops and crop residues*. 10º Congresso Mundial da IWA sobre Digestão Anaeróbia, Montreal, Canadá, 29 de agosto a 2 de setembro.

34   Abddur R.M., Rasel M., Tanzina S., Moksadul A., Tanzima Y., Belal U. (2016). *Jornal Americano de Engenharia Química e Bioquímica*, 1(2): 15-20.

SÍMBOLOS

EJ	Equivalent Joule
atm	atmosphère
kg ; g ; mg	kilogramme ; gramme ; milligramme
h	hour
L ; mL	litre ; millilitre
m ; mm	meter ; millimeter
mol	mole
m^2	meter square
mV	millivolts
min	minute
Nml	Normolitre
Nm^3	Normometer cube
W	watts
kWh	kilowatthour
v/v	volume/volume
μ	micro
°C	degree Celsius
%	pourcentage

Printed by Books on Demand GmbH, Norderstedt / Germany